"核心素养+能力提升"立体化新形态教材

工业机器人应用实践教程

主　编　舒　勇　吴宏霞
副主编　陈光明　卢丽俊　解勤哲　方　猛
参　编　吕路加　王洪昌　曾玉平　周华浩
　　　　黄智浩　秦　邦　王　星
主　审　寇　舒

电子工业出版社
Publishing House of Electronics Industry
北京·BEIJING

内 容 简 介

本书内容紧密结合工业机器人的最新发展趋势和技术要求，从企业岗位需求出发，实现以课程对接岗位、以教材对接技能的目的，更好地适应"工学结合，任务驱动模式"教学的要求，满足项目教学法的需要。本书内容从认识工业机器人开始，逐步深入到操作、应用、仿真及拓展等各个环节。每个项目都设计了清晰的学习活动和任务结构，通过循序渐进的学习，学生可以逐步掌握工业机器人的各项技能。同时，本书还注重理论与实践的结合，不仅详细阐述了工业机器人的理论知识，还提供了丰富的实践案例，可以帮助学生将所学知识转化为实际操作能力。

本书可作为技工院校、职业院校工业机器人相关专业的教材，也可作为相关技术人员的参考用书。

未经许可，不得以任何方式复制或抄袭本书之部分或全部内容。
版权所有，侵权必究。

图书在版编目（CIP）数据

工业机器人应用实践教程 / 舒勇，吴宏霞主编.

北京：电子工业出版社，2025.5. -- ISBN 978-7-121-50205-7

Ⅰ．TP242.2

中国国家版本馆 CIP 数据核字第 2025EB0616 号

责任编辑：张　凌
印　　刷：河北鑫兆源印刷有限公司
装　　订：河北鑫兆源印刷有限公司
出版发行：电子工业出版社
　　　　　北京市海淀区万寿路 173 信箱　　邮编　100036
开　　本：880×1 230　　1/16　　印张：10　　字数：224 千字
版　　次：2025 年 5 月第 1 版
印　　次：2025 年 5 月第 1 次印刷
定　　价：45.00 元

凡所购买电子工业出版社图书有缺损问题，请向购买书店调换。若书店售缺，请与本社发行部联系，联系及邮购电话：（010）88254888，88258888。

质量投诉请发邮件至 zlts@phei.com.cn，盗版侵权举报请发邮件至 dbqq@phei.com.cn。

本书咨询联系方式：（010）88254583，zling@phei.com.cn。

前　言

近年来，我国正以前所未有的决心和力度培养更多高素质的技能人才，为全面建设社会主义现代化国家提供有力的人才支撑。工业机器人技术，作为智能制造领域的核心组成部分，不仅是推动产业升级、实现高质量发展的重要力量，也是技工院校、职业院校学生提升专业技能、拓宽就业渠道的关键领域。

本书全面介绍工业机器人的基础知识、操作技能及实际应用。全书分为五个项目，从认识工业机器人的定义、发展、分类及基本组成，到操作 ABB 工业机器人、应用工业机器人涂胶、应用工业机器人搬运、应用工业机器人码垛等，再到工业机器人的仿真与拓展，系统性地讲解了工业机器人的核心技术。书中通过任务驱动的学习方式，结合实践操作与理论探究，帮助读者掌握工业机器人的编程、示教、坐标系标定等关键技能，并介绍了机器人仿真软件 RobotStudio 的使用方法。此外，还拓展了工业机器人与 PLC、视觉系统的通信技术，为读者提供了工业机器人集成应用的全面指导。

在党的二十大精神引领下，学校与企业深度融合，打造工学一体化特色教材，在编写本书的过程中，坚持以市场需求为导向，以学生为中心，力求做到内容实用、语言简洁、图文并茂，便于学生理解和掌握。同时，我们也希望通过对本书的学习，能够激发学生的学习兴趣和创新精神，培养他们的实践能力和职业素养，为未来的职业发展打下坚实的基础。

值得一提的是，本书特别配套了视频资源，可扫书中二维码进行观看。这些视频资源由企业工程师和学校教师联合策划开发，涵盖了书中的关键知识点和操作技能，以直观、生动的方式呈现给学生。通过观看视频，学生可以更加深入地理解工业机器人的工作原理和操作流程，提高学生在实际工作中分析和解决问题的能力，实现职业教育与实际社会生产的紧密结合。

最后，感谢杭州仪迈科技有限公司为本书的编写和视频资源开发提供的大力支持。

由于时间仓促和水平有限，书中难免存在不足之处，恳请广大师生和读者批评指正。我们将继续努力，不断完善和更新本书内容，为推动职业教育高质量发展贡献自己的力量。

编　者

目　　录

项目一　认识工业机器人 1

　　任务 1.1　工业机器人的定义与发展 1
　　　　1.1.1　工业机器人的定义 1
　　　　1.1.2　工业机器人的主要特点和主要优势 4
　　　　1.1.3　工业机器人的分类 6
　　　　1.1.4　工业机器人的发展前景 9
　　任务 1.2　工业机器人的组成与性能 12
　　　　1.2.1　工业机器人的基本组成 12
　　　　1.2.2　工业机器人的技术指标 16
　　　　1.2.3　工业机器人的安全注意事项 17
　　　　1.2.4　工业机器人的典型应用 19

项目二　操作工业机器人 25

　　任务 2.1　ABB 工业机器人示教器的环境配置 25
　　　　2.1.1　认识示教器 25
　　　　2.1.2　使用示教器 26
　　　　2.1.3　查看工业机器人的常用信息和事件日志 27
　　任务 2.2　ABB 工业机器人转数计数器更新 32
　　　　2.2.1　工业机器人的关节轴 32
　　　　2.2.2　工业机器人的机械原点 33
　　任务 2.3　ABB 工业机器人基本指令训练 39
　　　　2.3.1　RAPID 编程语言 39
　　　　2.3.2　工业机器人的运动指令 40
　　任务 2.4　ABB 工业机器人坐标系设定 60
　　　　2.4.1　工业机器人的坐标系 60
　　　　2.4.2　工业机器人工具坐标系设定 61

项目三　应用工业机器人 71

　　任务 3.1　工业机器人涂胶 71
　　　　3.1.1　涂胶工业机器人 71
　　　　3.1.2　工业机器人涂胶工作过程 72
　　　　3.1.3　速度控制指令 72

任务 3.2　工业机器人搬运 86
　　　　3.2.1　搬运工业机器人 86
　　　　3.2.2　工业机器人搬运工作过程 90
　　　　3.2.3　工业机器人的基本通信 90
　　　　3.2.4　Offs 偏移指令 91
　　任务 3.3　工业机器人码垛 96
　　　　3.3.1　码垛工业机器人 97
　　　　3.3.2　工业机器人码垛工作过程 97

项目四　仿真工业机器人 110

　　任务 4.1　认识 RobotStudio 软件 110
　　　　4.1.1　RobotStudio 软件介绍 110
　　　　4.1.2　认识 RobotStudio 软件界面 112
　　任务 4.2　构建虚拟工作站 119
　　　　4.2.1　调整工作站视图 119
　　　　4.2.2　创建目标点和路径 120
　　　　4.2.3　配置机器人轴 122

项目五　拓展工业机器人 130

　　任务 5.1　工业机器人与 PLC 通信 130
　　　　5.1.1　总线的概念 130
　　　　5.1.2　工业机器人常用的总线通信协议 131
　　　　5.1.3　总线通信接口 133
　　任务 5.2　工业机器人与视觉系统通信 141
　　　　5.2.1　工业机器人的通信方式 141
　　　　5.2.2　Socket 通信的服务器端和客户端 142

项目一

认识工业机器人

项目导入

"机器人"一词时常出现在科幻电影当中,曾带有浓厚的神秘色彩。机器人一般由机械本体、控制柜、伺服驱动系统和检测传感装置构成,是一种综合了人和机器的特长、能在三维空间完成各种作业的机电一体化装置。它既有人对环境状态的快速反应和分析判断能力,又有机器可以长时间持续工作、精确度高、抗恶劣环境的优点,可以用来完成人类无法完成的任务。

工业机器人是集机械、电子、控制、计算机等多学科先进技术于一体的机电一体化设备,被称为工业自动化的三大支持技术之一。随着社会的进步和劳动力成本的增加,工业机器人在我国的应用越来越广。

项目实施

任务 1.1 工业机器人的定义与发展

任务目标

1. 能阐述工业机器人的概念。
2. 能查找资料介绍工业机器人的发展历程。
3. 能知道工业机器人的主要特点、主要优势及分类。
4. 了解我国工业机器人技术的发展,树立科技报国情怀。

知识探究

1.1.1 工业机器人的定义

1. 机器人概念的出现

机器人是什么?很多人会联想到在影视作品或小说中刻画的机器人形象。机器人包括一切模拟人类行为或思想，以及模拟其他生物行为的机械（如机器狗、机器猫等）。

1920年，捷克作家卡雷尔·恰佩克在其剧本《罗素姆的万能机器人》中最早使用了机器人一词，剧中机器人"Robot"（原文为"Robota"，后来成为西文中通行的"Robot"）的本意是苦力，是剧作家笔下一个具有人的外表、特征和功能的机器，这是最早的机器人设想。

1939年，美国纽约世博会上展出了西屋电气公司制造的家用机器人Elektro。

1942年，美国科幻巨匠阿西莫夫提出了"机器人三定律"。

1954年，美国电子学家德沃尔研制出一种类似人手臂的可编程机械手。

1959年，美国物理学家恩格尔伯格与德沃尔联手研制出世界上第一台真正实用的工业机器人，成立了世界上第一家机器人制造工厂，即Unimation公司，恩格尔伯格因此被称为工业机器人之父。

1962年，美国AMF公司生产出"VERSTRAN"（意思为万能搬运），这是第一台真正商业化的机器人。

1965年，美国约翰斯·霍普金斯大学研制出"有感觉"机器人Beast。

1968年，美国斯坦福研究所研制出机器人Shakey，这是世界上第一台智能机器人。

1969年，日本早稻田大学研发出第一台以双脚走路的机器人。

1980年，日本迅速普及工业机器人，这一年被称为"机器人元年"。

20世纪末，世界上掀起了特种机器人的研究热潮。

1997年5月，IBM公司开发出来的机器人"深蓝"战胜了棋王卡斯帕罗夫，这是机器人发展的一个里程碑。

1997年7月，自主式机器人车辆"索杰纳"登上火星。

2．机器人的产生

现代机器人的研究起源于20世纪中叶的美国，它从工业机器人的研究开始。

第二次世界大战期间，由于军事、核工业的发展需要，在原子能实验室的恶劣环境下，需要操作机械来代替人类进行放射性物质的处理。为此，美国的Argonne National Laboratory（阿贡国家实验室）开发了一种遥控机械手（Teleoperator）。接着，在1947年，又开发出了一种伺服控制的主-从机械手（Master-Slave Manipulator），这些都是工业机器人的雏形。

工业机器人的概念由美国发明家德沃尔最早提出，他在1954年申请了专利，并在1961年获得授权。1958年，美国著名的机器人专家恩格尔伯格建立了Unimation公司，并利用德沃尔的专利，于1959年研制出如图1-1所示的世界上第一台真正实用的工业机器人Unimate，开创了机器人发展的新纪元。

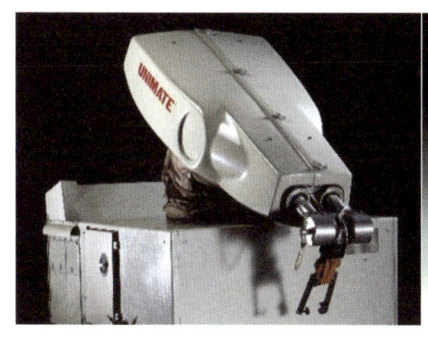

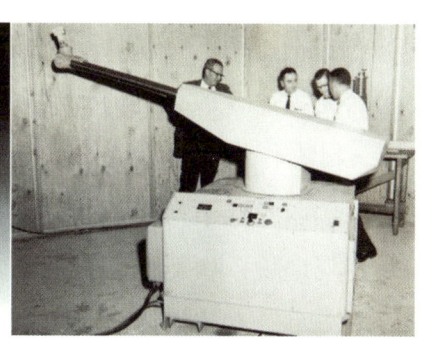

图 1-1　工业机器人 Unimate

恩格尔伯格对世界工业机器人的发展做出了杰出的贡献，被人们称为"机器人之父"。1983 年，在工业机器人销售量日渐增长的情况下，恩格尔伯格又毅然地将 Unimation 公司出让给了美国西屋电气公司，并创建了 TRC 公司，前瞻性地开始了服务机器人的研发工作。

从 1968 年起，Unimation 公司先后将机器人的制造技术转让给了日本 KAWASAKI 公司和英国 GKN 公司，机器人开始在日本和欧洲得到快速发展。据有关方面的统计，目前世界上至少有 48 个国家在发展机器人，其中 25 个国家在进行智能机器人开发，美国、日本、德国、法国等都是机器人的研发和制造大国，无论是在基础研究方面还是在产品研发、制造方面都居世界领先水平。

> **思政贴士**
>
> 我国工业机器人技术的起步相对较晚，在经历了 20 世纪 70 年代的萌芽期、80 年代的开发期和 90 年代的实用期以后，进入了 21 世纪的发展期。如今，在科研工作者的不断努力下，我国工业机器人技术有了长足的进步，近年来进入了工业机器人的蓬勃发展期，某些方面也已经达到了世界先进水平。同时，以上海新时达电气股份有限公司、沈阳新松机器人自动化股份有限公司、南京埃斯顿自动化股份有限公司和安徽埃夫特智能装备股份有限公司等为代表的优秀企业大量涌现，不断为我国工业机器人产业添砖加瓦。但是，我国工业机器人技术的发展仍然任重而道远。目前，我国提出，要实现工业机器人关键零部件和高端产品的重大突破，实现工业机器人质量可靠性、市场占有率和龙头企业竞争力的大幅提升，并有效地培养工业机器人人才。在国家政策的有力扶持下，我国工业机器人产业的发展必将迎来一次新的浪潮。

3. 机器人的定义

由于机器人的应用领域众多、发展速度快，加上它又涉及人类的有关概念，因此，对于机器人，世界各国的标准化机构至今尚未形成一个统一、准确、世界公认的严格定义。

欧美国家一般认为，机器人是一种由计算机控制、可通过编程改变动作的多功能、自动化机械。日本作为机器人生产大国，将机器人分为能够执行人体上肢（手和臂）类似动作的工业机器人，以及具有感觉和识别能力，并能够控制自身行为的智能机器人两大类。

客观地说，欧美国家的机器人定义侧重于其控制方式和功能，其定义和现行的工业机器人较接近；而日本的机器人定义，关注的是机器人的结构和行为特性，且已经考虑到了现代智能机器人的发展需要，其定义更为准确。

作为参考，目前在相关资料中使用较多的机器人定义主要有以下几种。

（1）国际标准化组织（International Standards Organization，ISO）的定义：机器人是一种自动的、位置可控的、具有编程能力的多功能机械手，这种机械手具有几个轴，能够借助可编程序操作来处理各种材料、零件、工具或专用装置，以及执行各种任务。

（2）日本机器人协会（Japan Robot Association，JRA）将机器人分为工业机器人和智能机器人两大类，工业机器人是一种能够执行人体上肢（手和臂）类似动作的多功能机器；智能机器人是一种具有感觉和识别能力，并能够控制自身行为的机器。

（3）美国国家标准局（NBS）的定义：机器人是一种能够进行编程，并在自动控制下执行某些操作和移动作业任务的机械装置。

（4）美国机器人工业协会（Robotic Industries Association，RIA）的定义：机器人是一种用于移动各种材料、零件、工具或专用装置的，通过可编程的动作来执行各种任务的，具有编程能力的多功能机械手。

（5）我国 GB/T 12643—2013 标准的定义：工业机器人是一种能够自动定位控制，可重复编程的，多功能的、多自由度的操作机，能搬运材料、零件或操持工具，用于完成各种作业。

以上标准化机构及专门组织对机器人的定义，都是在特定时间所得出的结论，多偏重工业机器人，但科学技术对未来是无限开放的，当代智能机器人无论是在外观，还是在功能智能化程度等方面，都已超出了传统工业机器人的范畴。机器人正在源源不断地向人类活动的各个领域渗透，它所涵盖的内容越来越丰富，其应用领域和发展空间正在不断延伸和扩大，这也是机器人与其他自动化设备的重要区别。

1.1.2 工业机器人的主要特点和主要优势

1. 主要特点

工业机器人是集多学科先进技术为一体的自动化装备，再加上与人工智能技术、先进制造技术和移动互联网技术的融合发展，必将推动人类社会生产、生活方式的变革。

1）可编程

生产自动化的进一步发展是柔性自动化。工业机器人可随其工作环境变化的需要而再编程，因此，在小批量、多品种、具有均衡高效率的柔性制造过程中能发挥很好的作用，是柔性制造系统的重要组成部分。

2）拟人化

工业机器人有类似于人的腰、大臂、小臂、手腕和手指等运动器官的机械结构，有类似于人脑的计算机等控制机构。此外，智能化工业机器人还有许多类似人类感觉器官的生物传感器，如皮肤型接触传感器、力传感器、负载传感器、视觉传感器、声觉传感器等，能极大地提高工业机器人对周围环境的适应能力和交流能力。

3）通用性

除了为特定作业任务而设计的专用工业机器人，普通的工业机器人在执行不同的作业任务时具有较好的通用性。例如，更换工业机器人末端的操作器（涂胶工具、夹爪工具和吸盘工具等），便可执行不同的作业任务。

4）机电高度融合

工业机器人技术涉及的学科相当广泛，归纳起来包括机械学和微电子学。智能机器人不仅具有获取外部环境信息的各种传感器，而且具有记忆能力、语言理解能力、图像识别能力、推理判断能力等人工智能，这些都是微电子技术的应用，特别与计算机技术的应用密切相关。因此，工业机器人技术的发展必将带动其他技术的发展，工业机器人技术的发展和应用水平也可以验证一个国家科学技术和工业技术的发展水平。

2. 主要优势

工业机器人的普及让很多企业节省了大量的人力资源，作为企业科技进步的标志性产物，工业机器人在企业生产中有着举足轻重的地位。

1）节省成本

工业机器人可实现长时间持续工作，且只需一人便可看管多台生产设备，能有效地节约人力资源成本。此外，智能工厂采用工业机器人参与自动流水线的生产，可以节省更多的空间，使工厂规划更加紧凑，从而节约土地资源。

2）促进管理

在传统企业生产过程中，很难保证日常人工生产的稳定性。采用工业机器人生产，可以使企业管理变得简单而高效。

3）效率稳定

只要电能充足，工业机器人生产产品的时间就是固定的，企业可以根据生产需要随时调整工业生产计划，不断提高产品的质量与产量，从而提升工业生产规模。

4）安全性高

在重复性很强的工业生产车间，工人很难完全避免安全事故，工业机器人的应用能最大限度地保证工人的工作安全。

1.1.3 工业机器人的分类

专业分类法一般是工业机器人设计、制造和使用厂家的技术人员所使用的分类方法，其专业性较强，业外较少使用。目前，专业分类又可按工业机器人的控制系统的技术水平、机械结构形态和运动控制方式3种方式进行分类。本书主要介绍前两种。

1. 按控制系统的技术水平分类

根据目前的控制系统技术水平，工业机器人一般可分为前述的示教再现机器人（第一代）、感知机器人（第二代）、智能机器人（第三代）三类。第一代工业机器人已被应用和普及，绝大多数工业机器人都属于第一代工业机器人；第二代工业机器人的技术已部分实用化；第三代工业机器人尚处于实验和研究阶段。

1）第一代工业机器人

1954年，美国的德沃尔最早提出了工业机器人的概念，并申请了专利。该专利的要点是借助伺服技术控制工业机器人的关节，利用人手对工业机器人进行动作示教，使得工业机器人能实现动作的记录和再现。这就是所谓的示教再现机器人。现有的工业机器人差不多都采用这种控制方式。第一代工业机器人能够按照人预先示教的轨迹、行为、顺序和速度重复作业，示教可由操作员手把手进行或通过示教器完成，为当前工业应用较多、较广泛的类型。

2）第二代工业机器人

第二代工业机器人被称为感知机器人，其具有环境感知装置，能在一定程度上适应环境的变化，已经进入应用阶段。通俗地讲，就是在第一代工业机器人基础上加入各种传感器让其具有视觉、听觉和触觉等感知功能。

目前机器视觉系统的推广较为普遍，主要有三大类功能：一是定位功能，能够自动判断所需物体的位置，并将位置信息通过通信协议输出，此功能多用于全自动装配和生产，如自动组装、自动焊接、自动包装、自动灌装、自动喷涂，多配合自动执行机构（机械手、焊枪、喷嘴等）。二是测量功能，即能够自动测量产品的外观尺寸，如外形轮廓、孔径、高度、面积等。三是缺陷检测功能，可以检测物体表面的相关信息，如包装正误，印刷正误，表面有无刮伤、颗粒、破损、油污、灰尘，塑料件有无穿孔，有无注塑不良等。

3）第三代工业机器人

第三代工业机器人具有高度的自适应能力，它有多种感知机能，可通过复杂的推理，做出判断和决策，自主决定其行为，具有相当程度的智能，故称为智能机器人。第三代工业机器人目前主要用于家庭、个人服务，以及军事、航天等行业，总体尚处于实验和研究阶段。目前只有美国、日本、德国等少数发达国家能掌握和应用第三代工业机器人。

工业机器人系统在不断发展，并渐渐渗透进了人类的诸多生活领域，从制造业、医学到娱乐、安全等不一而足。

2. 按机械结构形态分类

根据工业机器人现有的机械结构形态，有人将其分为直角坐标工业机器人、圆柱面坐标工业机器人、球面坐标工业机器人、多关节坐标工业机器人等，以多关节坐标工业机器人较为常用。不同形态的工业机器人在外观、机械结构、控制要求、工作空间等方面均有较大的区别。例如，多关节坐标工业机器人的动作类似人类手臂的动作；而直角坐标工业机器人的外形和结构，则与数控机床十分类似。

1）直角坐标工业机器人

直角坐标工业机器人具有空间上相互垂直的 3 个直线移动轴，即有 3 个可移动关节，可使其手部做 3 个方向的独立位移，如图 1-2 所示。这种形式的工业机器人定位精度较高，规划空间轨迹与求解较容易，计算机控制较简单；不足的是其空间尺寸较大，运动的灵活性较差，动作空间仅为一长方体，且运动的速度较低。直角坐标工业机器人常用于生产设备的上/下料，以及高精度的装配和检测作业。

图 1-2 直角坐标工业机器人

2）圆柱面坐标工业机器人

圆柱面坐标工业机器人由旋转基座、升降移动轴和水平移动轴构成，具有两个平行移动关节和一个转动关节，如图 1-3 所示。手部安装轴线的位姿由（z，r，θ）坐标予以表示。这种形式的工业机器人，空间尺寸较小，工作范围较大，其动作空间呈圆柱形，末端操作器可获得较高的运动速度。它的缺点是末端操作器离 z 轴越远，其切向线位移的分辨精度就越低。

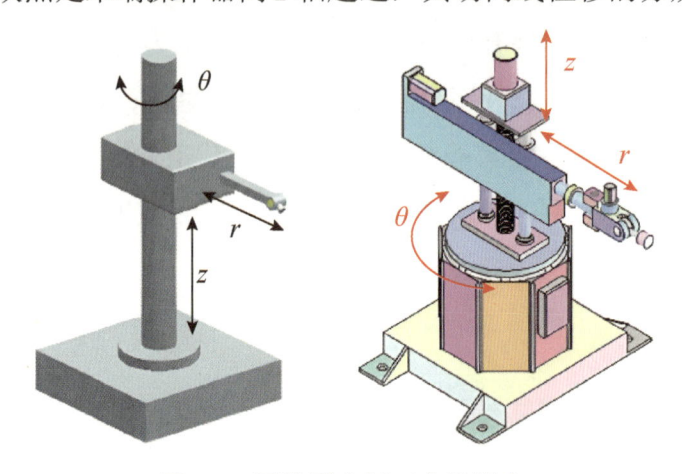

图 1-3　圆柱面坐标工业机器人

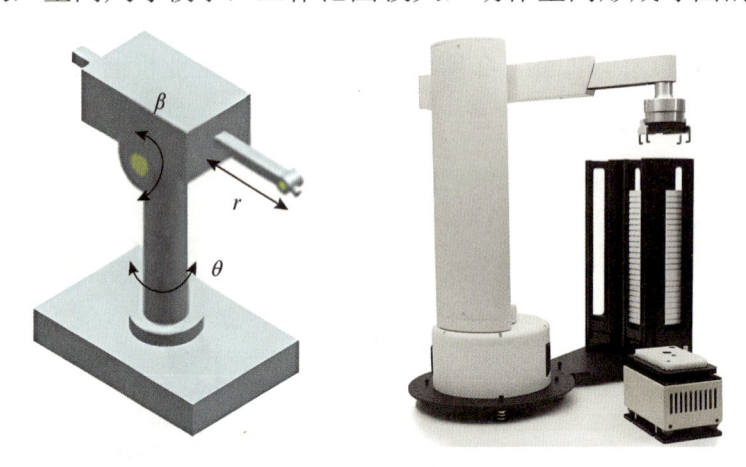

3）球面坐标工业机器人

球面坐标工业机器人具有两个转动关节和一个移动关节，空间位置分别由旋转、摆动和平移 3 个自由度确定，如图 1-4 所示。手部的安装轴线的位姿由（θ, β, r）坐标予以表示。这种形式的工业机器人，空间尺寸较小，工作范围较大，动作空间形成球面的一部分。

图 1-4　球面坐标工业机器人

4）多关节坐标工业机器人

多关节坐标工业机器人，顾名思义有多个转动关节，由多个旋转和摆动机构组成。这类机器人又可分为垂直多关节机器人和水平多关节机器人。

（1）垂直多关节机器人（见图 1-5）由垂直于地面的腰部旋转轴、带动小臂旋转的肘部旋转轴及小臂前端的手腕等组成。这种结构的工业机器人，可模拟人手臂的功能，空间尺寸较小，工作范围较大，其动作空间近似一个球体，机构各轴必须独立控制，并且需搭配编码器与传感器来提高机构运动时的精确度，是目前应用较多的一种机型。

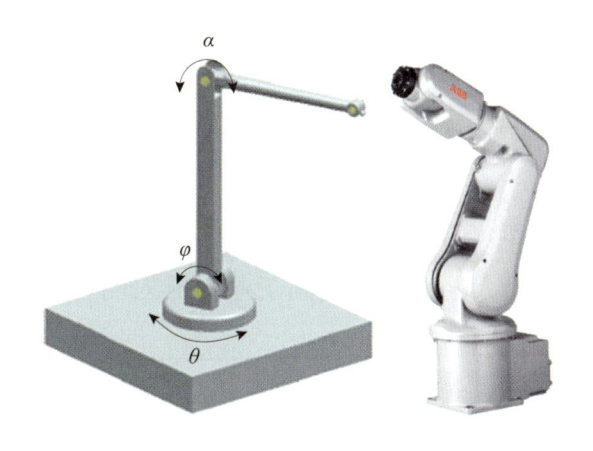

图 1-5 垂直多关节机器人

（2）水平多关节机器人（见图1-6）是动平台和定平台通过至少两个独立的运动链相连接，机构具有两个或两个以上自由度，且以并联方式驱动的一种闭环机构。这种结构的工业机器人不易有动态误差，无累积误差，精度较高，运动惯性小，热变形量小，结构紧凑，刚性高。其工作速度很快，主要用于食品包装行业，是后来发展的一种机型。

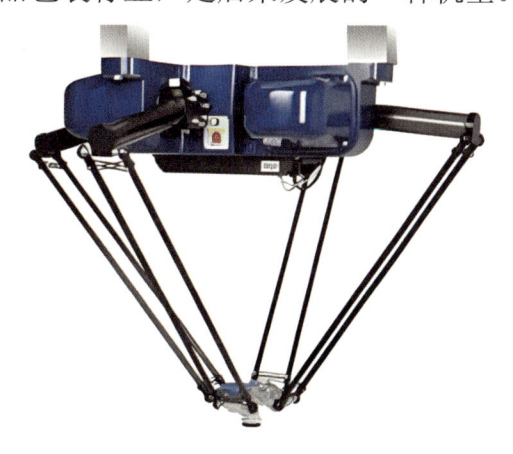

图 1-6 水平多关节机器人

1.1.4 工业机器人的发展前景

全世界范围内的汽车行业、电子电气行业、工程机械行业等已经大量使用工业机器人自动化生产线，以保证产品质量，提高生产效率，改善劳动条件。近70多年的工业机器人的使用实践表明，工业机器人的普及是实现自动化生产，推动企业和社会生产力发展的有效手段。工业机器人技术在制造业中的应用范围越来越广泛，其标准化、模块化、智能化和网络化的程度也越来越高，功能越来越强。

随着时代的发展、技术的进步，工业机器人有了新的发展方向：人工智能技术的发展，视觉和触觉等技术的融入，使工业机器人具有更高的智能化；新结构的工业机器人被开发和应用，出现了具有行走能力的工业机器人；5G网络技术的突破，使得工业机器人无线控制和远程控制成为现实。另外，数字化技术的融入会给工业机器人带来新的发展天地，虚拟现实技术和工业机器人结合，使得快速设计和开发成为现实，同时也给工业机器人的未来教育和培训带来新的体验。

工业机器人还要从控制成本、高速化技术、小型和轻量化技术、可靠性技术、高精度化技术等方面下功夫，降低工业机器人的价格，提高工业机器人的可靠性、精度，工业机器人一定会有更广阔的发展空间，我们拭目以待。

任务实践

学生工作页

班级：_____　　小组：_____　　组长：_____　　日期：_____

学生姓名：_____　　指导教师：_____　　成绩：_____（完成或没完成）

书写要求

（1）务必用签字笔书写，保证工作页整洁清晰。

（2）字迹工整，按框格书写，不要超出答题区域。

1. 查看实验室的机器人的品牌，并介绍相关企业。

微组织 1：组织学生开展小组讨论，查找相关资料。

微评价 1：学生互评得分_____；教师评价得分_____。

2. 我国有关标准是如何定义工业机器人的？

微组织 2：组织学生开展小组讨论，查找相关资料。

微评价 2：学生互评得分_____；教师评价得分_____。

3．结合工业机器人的主要特点和主要优势，分析为何要大力发展工业机器人。

微组织 3：组织学生开展小组讨论，查找相关资料。

微评价 3：学生互评得分_____；教师评价得分_____。

4．区分工业机器人的常见类型，完成表 1-1。

表 1-1　工业机器人类型比较

结构分类类型	自由度个数	自由度方向	工 作 空 间	主要应用及其他
直角坐标工业机器人				
圆柱面坐标工业机器人				
球面坐标工业机器人				
多关节坐标工业机器人				

微组织 4：组织学生开展小组讨论，查找相关资料。

微评价 4：学生互评得分_____；教师评价得分_____。

5．请列举出几个推动工业机器人发展的相关技术，并说明这些技术是如何改进工业机器人性能的。

微组织 5：组织学生开展小组讨论，查找相关资料。

微评价 5：学生互评得分_____；教师评价得分_____。

任务评价

班级：_____
小组：_____
姓名：_____

总分：_____
（总分=学生自评成绩×20%+小组互评成绩×30%+教师评价成绩×50%）

指导老师：_____ 日期：_____

评价项目	评价标准	评价依据	学生自评（20%）	小组互评（30%）	教师评价（50%）	配分
职业素养	1. 遵守企业规章制度、劳动纪律 2. 按时、按质完成工作任务 3. 积极主动承担工作任务，勤学好问 4. 注意人身安全与设备安全 5. 工作岗位"6S"的完成情况	1. 出勤 2. 工作态度 3. 劳动纪律 4. 团队协作精神				30
专业能力	1. 清楚工业机器人的定义 2. 熟悉工业机器人的常见分类及行业应用 3. 结合工厂自动化生产线，能说出搬运机器人、码垛机器人、装配机器人、涂装机器人和焊接机器人的应用场合 4. 结合我国目前工业机器人的使用情况，分析工业机器人的主要特点和主要优势	1. 工作页完成情况 2. 小组分工情况				50
创新能力	1. 在任务完成过程中能提出有价值的观点 2. 在教学或生产管理上提出建议，且具有创新性	1. 观点的合理性和意义 2. 建议的可行性				20
合计						100

任务 1.2　工业机器人的组成与性能

任务目标

1. 能辨认工业机器人的基本组成与技术指标。
2. 能知道工业机器人的典型应用。
3. 能熟知工业机器人的操作规范。
4. 具备机器人安全规范操作素养。

知识探究

1.2.1　工业机器人的基本组成

第一代工业机器人主要由操作机、控制柜和示教器组成。第二代及第三代工业机器人包括

扫码看视频

感知系统、驱动系统、机械结构系统、人机交互系统、控制系统和机器人-环境交互系统，分别由各种传感器及软件实现。概括地说，工业机器人由 3 大部分、6 个系统组成，如图 1-7 所示。

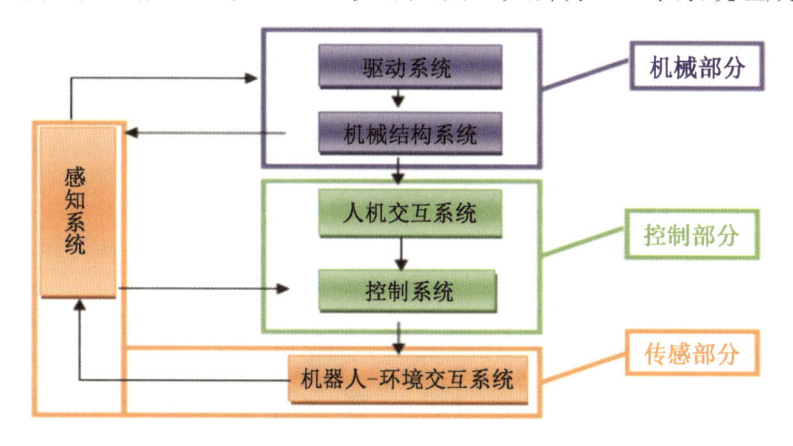

图 1-7 工业机器人的 3 大部分、6 个系统

本书各任务中使用的是 ABB 公司的 IRB 120 工业机器人，其负载为 3kg，工作区域为 580mm，其组成如图 1-8 所示。该型号的工业机器人拥有 6 个自由度，使用高精度伺服电机，在一定工作范围中可以像人的手臂一样灵活、准确地运动；具有敏捷、紧凑、轻量的特点，控制精度与路径精度俱佳，主要应用于装配、上下料、物料搬运等工作。同时，该型号的工业机器人拥有 40 个通用 I/O 接口，单个工业机器人可与多个外部设备配套，也可以多个工业机器人共同协作运动，高效而准确地完成各种复杂的工序，极大地提高工业生产的效率和精度。

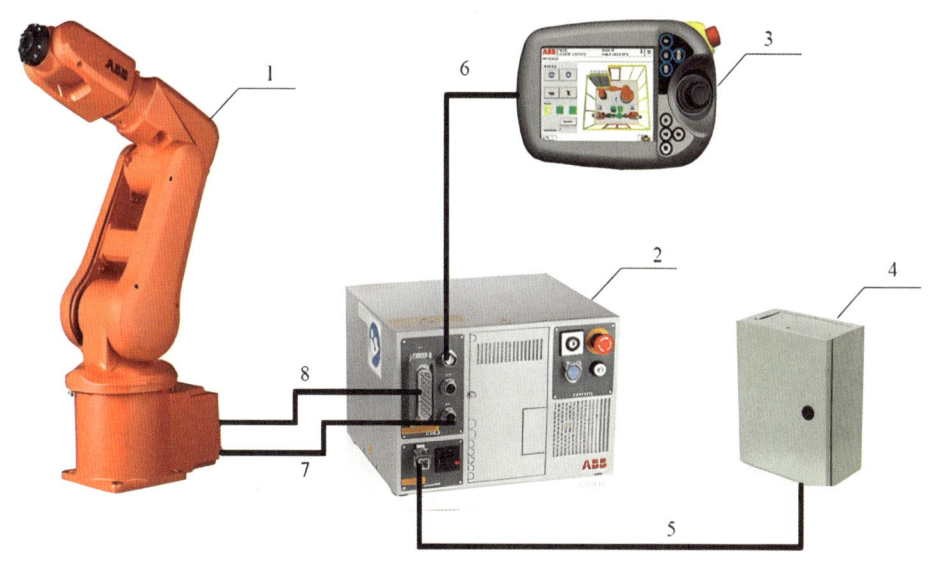

1—工业机器人本体；2—控制柜；3—示教器；4—配电箱；5—电源电缆；
6—示教器电缆；7—编码器电缆；8—动力电缆

图 1-8 ABB 公司的 IRB 120 工业机器人的组成

1. 工业机器人本体

工业机器人本体是工业机器人的机械主体，是用来完成各种作业的执行机构。它主要由机械臂、驱动装置、传动单元及内部传感器等部分组成。工业机器人本体的基本构造如图1-9所示。

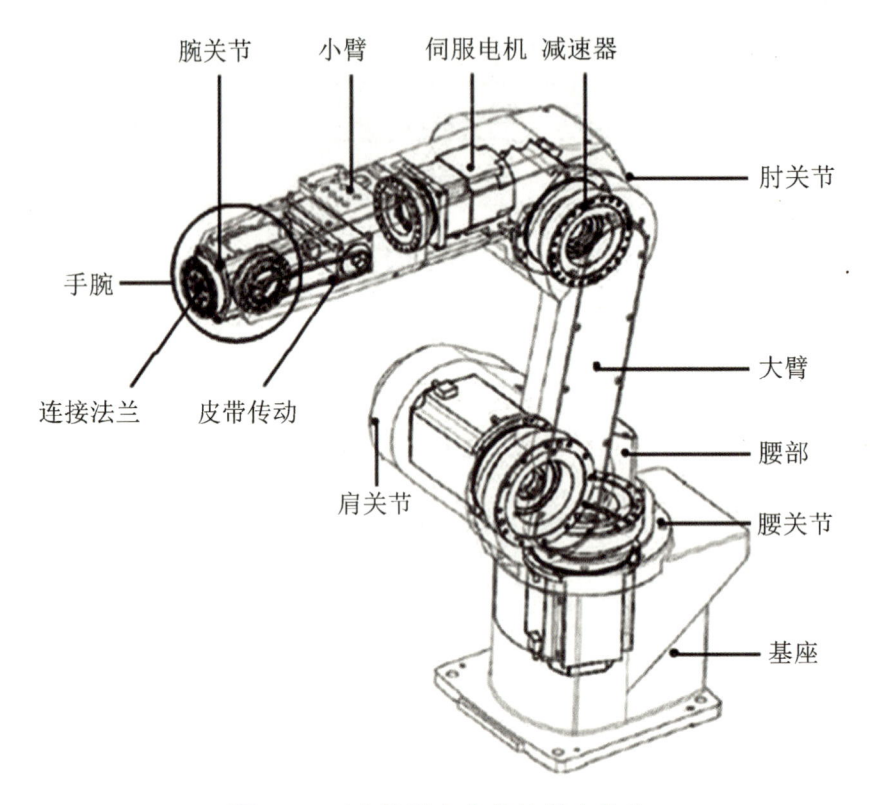

图 1-9 工业机器人本体的基本构造

工业机器人的机械臂是由关节连在一起的许多机械连杆的集合体。实质上是一个拟人手臂的空间开链式机构，一端固定在基座上，另一端可自由运动，由关节-连杆结构构成的机械臂大体可分为基座、腰部、手臂（大臂和小臂）和手腕4部分。

（1）基座。基座是工业机器人的基础部分，需要用螺栓将工业机器人本体固定在地面上，起支撑作用。

（2）腰部。腰部是工业机器人手臂的支承部分。

（3）手臂。手臂是连接机身和手腕的部分，是执行结构中的主要运动部件，亦称为主轴，主要用于改变手腕和末端执行器的空间位置。手臂的长度尺寸要满足工作空间的要求。

（4）手腕。手腕是连接末端执行器和手臂的部分，亦称为次轴，主要用于改变末端执行器的空间姿态。为了使手部能处于空间任意方向，要求其由回转关节组合而成，有三个自由度，能实现在空间 X、Y、Z 方向的转动。此处有个机械接口通常为一连接法兰，可接装不同的机械操作装置，由于抓取的工业用品体形、材料、质量等因素不一样，所以机械操控装置需要根据所要完成的任务单独量身定制，典型的有夹爪、画笔、吸盘、焊枪等多种形式。

工业机器人工具快换装置可以快速更换末端执行器，提高工作效率。它通常由主盘和工具盘组成，主盘安装在工业机器人法兰盘上，图1-10所示为快换工具。

（a）夹爪工具　　　　　　　　（b）画笔工具

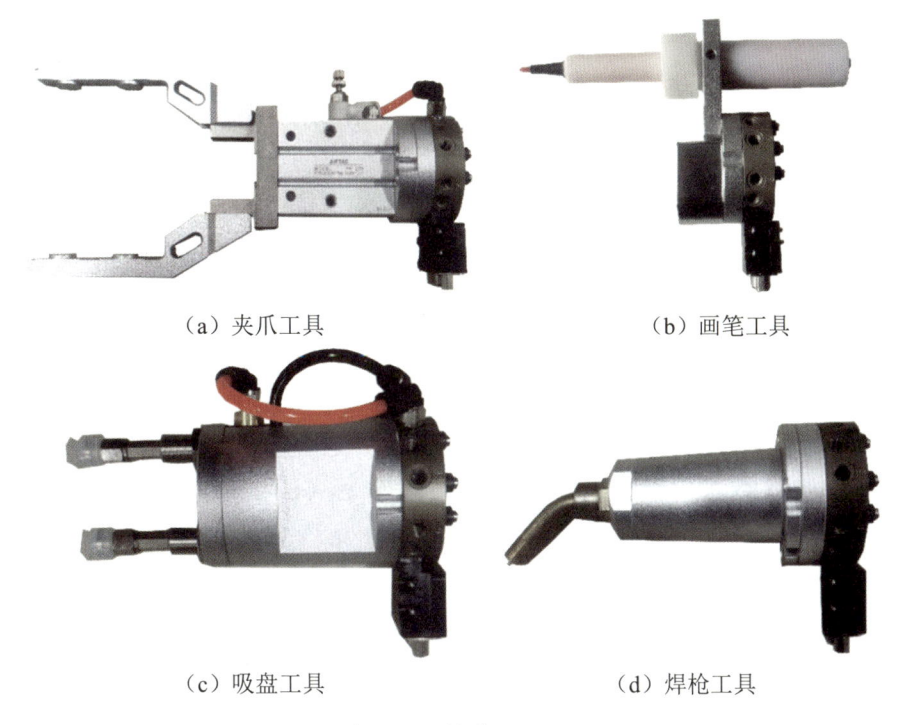

（c）吸盘工具　　　　　　　　（d）焊枪工具

图 1-10　快换工具

2. 控制柜

可以说工业机器人控制柜是工业机器人的"大脑"，是根据指令及传感信息控制工业机器人完成一定动作或作业任务的装置，是决定工业机器人功能和性能的主要因素，也是工业机器人系统中更新和发展最快的部分。控制柜的组成主要有示教器电缆、操作面板及其电路板、主板、I/O 板、伺服放大器，其基本功能有示教、记忆、位置伺服、坐标设定、与外围设备联系、作为传感器接口、提供故障诊断安全保护等。

本书各任务中所用的工业机器人控制柜为 ABB 公司生产的 IRC5 compact 控制柜，如图 1-11 所示。该控制柜以先进的动态建模技术为基础，对工业机器人性能实施自动优化，大幅度提升了工业机器人执行任务的效率。

图 1-11　IRC5 compact 控制柜

3. 示教器

示教器亦称为示教编程器或示教盒,主要由液晶屏幕和操作按键组成,可由操作者手持移动。示教器是工业机器人的人机交互接口,工业机器人的所有操作基本上都是通过它来完成的,如移动、编写机器人程序、试运行程序、生产运行、查看机器人状态。示教器实质上就是一个专用的智能终端。

4. 连接电缆

工业机器人使用的连接电缆主要有电源电缆、示教器电缆、动力电缆和编码器电缆。其中电源电缆用于给工业机器人控制柜提供 220V 的交流电源;示教器电缆用于连接示教器和控制柜;动力电缆和编码器电缆用于连接工业机器人本体和控制柜。

1.2.2 工业机器人的技术指标

工业机器人的技术指标反映工业机器人的适用范围和工作性能,是选择、使用工业机器人必须考虑的问题。尽管各厂商生产的工业机器人所提供的技术指标不完全一样,工业机器人的结构、用途及用户的要求也不尽相同,但主要技术指标一般都有自由度、额定负载、工作精度、工作空间和最大工作速度等。

1. 自由度

自由度是物体能够相对坐标系进行独立运动的数目,末端执行器的动作不包括在内,一个自由度需要一个电机驱动。自由度作为工业机器人的技术指标,反映工业机器人动作的灵活性,可用轴的直线移动、摆动或旋转动作的数目来表示,目前,焊接机器人和涂装机器人多为 6 或 7 自由度,而搬运机器人、码垛机器人和装配机器人多为 4~6 自由度。

2. 额定负载

额定负载,也称持重,即在正常操作条件下,作用于工业机器人手腕末端,不会使工业机器人性能降低的最大载荷。目前使用的工业机器人的额定负载范围为 0.5~800kg。

3. 工作精度

工业机器人的工作精度主要指定位精度和重复定位精度。定位精度(也称绝对精度)是指工业机器人末端执行器实际到达位置与目标位置之间的差异。重复定位精度(也称重复精度)是指工业机器人重复定位其末端执行器于同一目标位置的能力,目前,工业机器人的重复定位精度可达±0.01~±0.5mm。依据作业任务和末端持重不同,工业机器人的重复定位精度也不同。

4. 工作空间

工作空间，也称工作范围、工作行程，即工业机器人执行任务时，其手腕参考点所能掠过的空间，常用图形表示。目前，单体工业机器人本体的工作空间半径可达 3.5m 左右。

5. 最大工作速度

最大工作速度即在各轴联动情况下，工业机器人手腕中心所能达到的最大线速度，这在生产中是影响生产效率的重要指标。最大工作速度越高，生产效率自然就越高，但对工业机器人的性能要求也越高。

1.2.3 工业机器人的安全注意事项

1. 关闭总电源

在进行工业机器人的安装、维修和保养时，切记要将总电源关闭。带电作业可能会产生致命性后果，如果不慎遭高压电击，那么可能会导致心跳停止、烧伤或其他严重伤害。

2. 与工业机器人保持足够的安全距离

在调试与运行工业机器人时，它可能会进行一些意外或不规范的运动，并且所有的运动都会产生很大的力量，可能严重伤害或损坏工作范围内的任何个人或设备。所以，应时刻与工业机器人保持足够的安全距离。

3. 做好静电放电防护

静电放电是指电位不同的两个物体间的静电传导，可以是直接接触传导，也可以通过感应电场传导。搬运设备或设备容器时，未接地的人员可能会传导大量的静电荷。这一静电放电过程可能损坏敏感的电子元件。所以，在有静电放电危险标识的情况下，要做好静电放电防护。

4. 紧急停止

紧急停止优先于任何其他的控制操作，它会断开工业机器人的驱动电源，停止所有运转部件，并切断由工业机器人系统控制且具有潜在危险的功能部件的电源。出现下列情况时，应立即按下紧急停止按钮。

（1）工业机器人运行中，工作区域内有人员或设备。

（2）工业机器人伤害到人员或损伤到设备。

5. 灭火

发生火灾时，应先确保全体人员安全撤离后再进行灭火。如果有人受伤，则应尽快处理受伤人员。当电气设备（如工业机器人或控制柜）起火时，灭火应使用二氧化碳灭火器，切勿使用水或泡沫灭火器。

6．工作中的安全规范

在装配、调试、维护工业机器人时需要进入保护空间，工作人员务必遵守相关安全规范。

（1）如果在保护空间内有工作人员，则应手动操作工业机器人系统。

（2）进入保护空间前，应准备好示教器，以便随时控制工业机器人。

（3）注意旋转或运动的工具，如切削工具，在接近工业机器人之前，确保这些工具已经停止运动。

（4）工业机器人电机长期运转后温度会很高，应注意避免烫伤。

（5）注意夹具并确保夹好工件。如果夹具打开，那么工件会脱落并导致人身伤害或设备损坏。夹具非常有力，如果不按照正确方法操作，那么也会导致人身伤害。

（6）注意液压、气动系统及带电部件，即使断电，这些电路上的残余电量也很危险。

7．示教器的安全规范

示教器是一种高品质的手持式终端，配备了高灵敏度的电子设备。为避免操作不当引起的故障或损害，应在操作时遵守以下安全规范。

（1）小心操作。不要摔打、抛掷或重击示教器，否则会导致示教器破损或故障。在不使用示教器时，将它挂到专用支架上，避免掉到地上。

（2）示教器的使用和存储应避免踩踏或挤压电缆。

（3）切勿使用锋利的物体（如螺钉或笔尖）操作触摸屏，否则可能会使触摸屏受损。应使用手指或触摸笔（位于示教器的背面）来操作触摸屏。

（4）定期清洁触摸屏。灰尘和小颗粒可能会挡住屏幕造成故障。

（5）切勿使用溶剂、洗涤剂或擦洗海绵清洁示教器，应使用软布蘸取少量水或中性清洁剂清洁。

（6）没有连接 USB 设备时，务必盖上 USB 端口的保护盖。如果端口暴露到灰尘中，那么该端口有可能会中断或发生故障。

8．手动模式下的安全规范

在手动模式下，工业机器人只能减速（250mm/s 或更慢）操作（运动）。只要在保护空间内工作，就应始终以此模式进行操作。

9. 自动模式下的安全规范

自动模式用于在生产中运行工业机器人程序。在自动模式下，常规模式停止（GS）机制、自动模式停止（AS）机制和上级停止（SS）机制都将处于活动状态。

1.2.4 工业机器人的典型应用

工业机器人在工业生产中能代替人工完成某些单调、工作时间长的，或是危险、恶劣环境下的作业，例如，在冲压、压力铸造、热处理、焊接、涂装、塑料制品成形、机械加工和简单装配等工序上，以及在原子能工业中，完成对人体有害物料的搬运工作或工艺操作。工业机器人广泛应用于汽车制造业、电子电气行业、食品行业、铸造和锻造行业、玻璃制造行业、建筑行业等。

1. 汽车制造业

汽车制造业是工业机器人被应用较早、应用数量较多、应用能力较强的行业。全球有超过50%的工业机器人应用在汽车制造业中。工业机器人在汽车及其零部件的制造上应用广泛，典型的有冲压、焊接、切割、涂胶等工艺环节，其中焊接工艺环节的焊接机器人使用量较大。图1-12所示为工业机器人在汽车制造业中的应用。

图1-12 工业机器人在汽车制造业中的应用

2. 电子电气行业

工业机器人在电子电气行业中的应用也很普遍，常用于IC芯片及元器件贴装、电子零件生产、组装测试等各个生产环节中。例如，在手机生产线中，工业机器人搭配视觉系统，能够完成触摸屏检测、擦洗、贴膜等一系列操作。

3. 食品行业

工业机器人在食品行业中的应用主要集中于几种类型：包装工业机器人、拣选工业机器人

（见图 1-13）、码垛工业机器人、加工工业机器人。对于国内食品生产的大部分包装工作，特别是较复杂的包装物品的排列、装配等，人工操作难以保证包装的统一和稳定，还可能造成对包装产品的污染，工业机器人的应用能够有效避免这些问题，真正实现智能化控制。

图 1-13 工业机器人进行食品的拣选

拣选工业机器人是指能根据一定的标准，按照一定的原则，对无规则堆放和散放在一起的一种或多种物品进行挑选、拣取、放置的工业机器人。原来依靠人工进行的拣选及配置到指定位置的作业实现自动化之后，有望节省劳动力并减少作业错误。由于还可移动比较重的对象物体，因此工业机器人有助于减轻作业者的负担。食品行业的拣选工业机器人的技术难点与其他行业的同类工业机器人类似，在于必须利用工业机器人视觉系统进行对象识别，从而实现智能拣选并进行相应操作。

使用工业机器人进行码垛是目前在很多行业包括食品行业中工业机器人的普遍应用。使用工业机器人码垛速度快、效率高，而且可以搬运较重的物品，大大节省了人力成本。

4．其他行业

工业机器人具有耐高温、适应恶劣工作环境的特点，在铸造和锻造行业中，可以将工业机器人直接安装在铸造机械旁配合生产。在产品后续的去毛刺、打磨及钻孔等加工过程及质量监控过程中均可使用工业机器人。图 1-14 所示为工业机器人夹持铸件在高温炉内锻造。

图 1-14 工业机器人夹持铸件在高温炉内锻造

项目一　认识工业机器人

在玻璃制造行业中，会应用工业机器人进行玻璃的特定加工及搬运，实验室器皿的制坯、成形等。图1-15所示为工业机器人在搬运玻璃制品。

工业机器人在建筑行业中也有应用，如用于原材料的输送、加工及生产过程。图1-16所示为利用工业机器人进行钢铁建材的切割。

图1-15　工业机器人在搬运玻璃制品

图1-16　利用工业机器人进行钢铁建材的切割

思政贴士

近年来，我国制造业持续快速发展，建成了门类齐全、独立完整的产业体系，有力地推动了工业化和现代化进程，显著增强了综合国力，支撑了世界大国地位。但是，我国还需要进一步提高自主创新能力、资源利用效率、产业结构水平、信息化程度等，转型升级和跨越发展的任务紧迫而艰巨。

我国实施制造强国战略，明确了9项战略任务和重点领域，其中"高档数控机床和机器人"是重点领域之一。随着人工智能技术的日益成熟，机器人产业有望成为新工业的切入点和重要增长点。

未来机器人产业的发展重点主要为两个方向：一是开发工业机器人本体和关键零部件系列化产品，推动工业机器人产业化及应用，满足我国制造业转型升级的迫切需求；二是突破智能机器人的关键技术，开发、生产智能机器人，积极应对新一轮科技革命和产业变革的挑战。

任务实践

学生工作页

班级：_____　小组：_____　组长：_____　日期：_____

学生姓名：_____　指导教师：_____　成绩：_____（完成或没完成）

书写要求

（1）务必用签字笔书写，保证工作页整洁清晰。

（2）字迹工整，按框格书写，不要超出答题区域。

1. 写出图 1-17 所示机器人系统的 8 个组成部分。

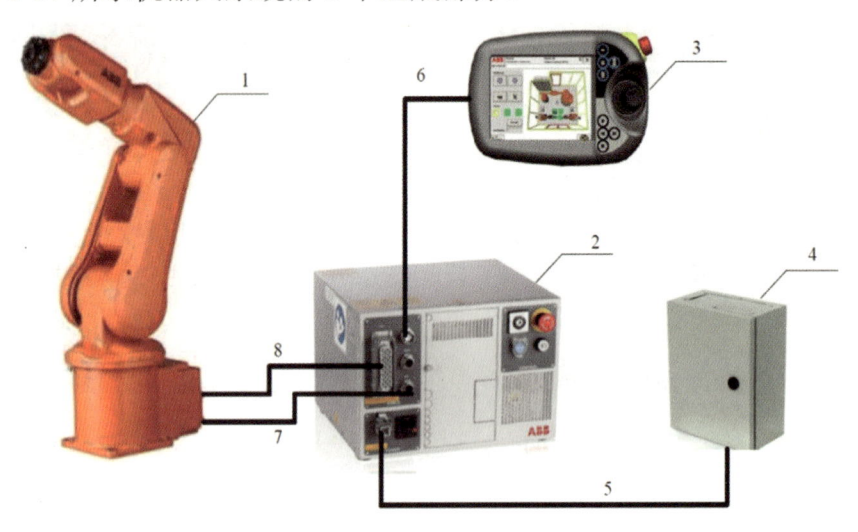

图 1-17　机器人系统

1. _____　　2. _____　　3. _____　　4. _____

5. _____　　6. _____　　7. _____　　8. _____

微组织 1：组织学生开展小组讨论，查找相关资料。

微评价 1：学生互评得分_____；教师评价得分_____。

2. 查看工业机器人的说明书，找到实训台工业机器人的相关技术指标，填写表 1-2。

表 1-2　实训台工业机器人的相关技术指标

基本规格参数			
轴数		防护等级	
有效载荷		安装方式	
最大距离		质量	
运动范围及速度			
关节轴序号	运动范围		最大速度

微组织 2：组织学生开展小组讨论，查找相关资料。

微评价 2：学生互评得分_____；教师评价得分_____。

3. 归纳总结操作工业机器人时要遵守的安全注意事项，可用思维导图表达。

微组织3：组织学生开展小组讨论，查找相关资料。

微评价3：学生互评得分_____；教师评价得分_____。

4. 调研本区域中工业机器人的相关行业，了解在这些行业中工业机器人的使用情况。

微组织4：组织学生开展小组讨论，查找相关资料。

微评价4：学生互评得分_____；教师评价得分_____。

任务评价

班级：_____ 小组：_____ 姓名：_____	总分：_____ （总分=学生自评成绩×20%+小组互评成绩×30%+教师评价成绩×50%） 指导老师：_____ 日期：_____				
评价项目	评价标准	评价依据	评价方式			配分
^	^	^	学生自评（20%）	小组互评（30%）	教师评价（50%）	^
职业素养	1. 遵守企业规章制度、劳动纪律 2. 按时、按质完成工作任务 3. 积极主动承担工作任务，勤学好问 4. 注意人身安全与设备安全 5. 工作岗位"6S"的完成情况	1. 出勤 2. 工作态度 3. 劳动纪律 4. 团队协作精神				30

续表

评价项目	评价标准	评价依据	评价方式 学生自评（20%）	评价方式 小组互评（30%）	评价方式 教师评价（50%）	配分
专业能力	1. 了解工业机器人的基本组成及技术指标 2. 掌握工业机器人本体的基本构造 3. 掌握工业机器人的基座、腰部、手臂、手腕的特点和功能 4. 掌握工业机器人的安全注意事项和安全操作规程	1. 操作的准确性和规范性 2. 工作页或项目技术总结完成情况 3. 专业技能任务完成情况				50
创新能力	1. 在任务完成过程中能提出有价值的观点 2. 在教学或生产管理上提出建议，且具有创新性	1. 观点的合理性和意义 2. 建议的可行性				20
合 计						100

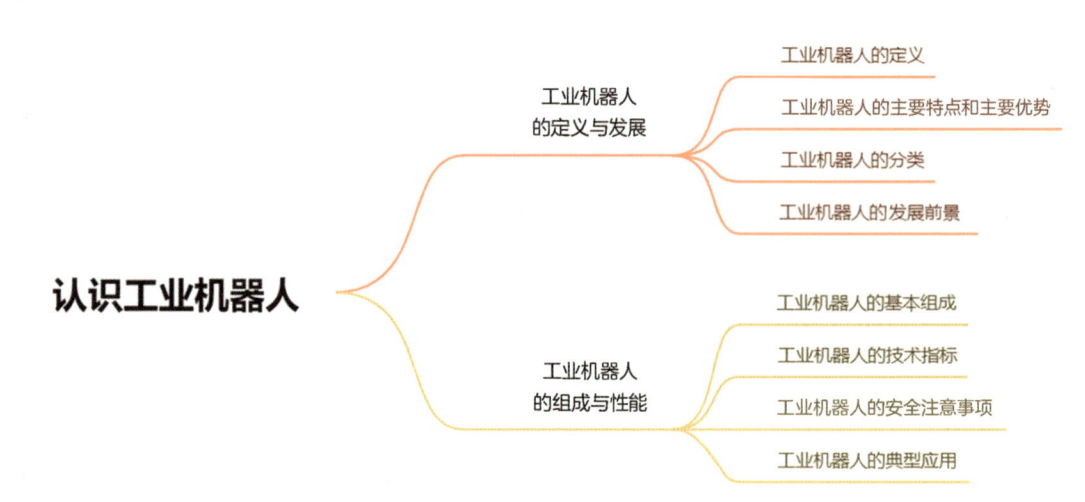

项目总结

认识工业机器人
- 工业机器人的定义与发展
  - 工业机器人的定义
  - 工业机器人的主要特点和主要优势
  - 工业机器人的分类
  - 工业机器人的发展前景
- 工业机器人的组成与性能
  - 工业机器人的基本组成
  - 工业机器人的技术指标
  - 工业机器人的安全注意事项
  - 工业机器人的典型应用

项目二 操作工业机器人

项目导入

经过项目一的学习,我们已经了解了工业机器人的概念、分类、结构等基础知识,在本项目中我们要学习操作工业机器人的相关知识,目前我们所用到的工业机器人为第一代工业机器人,是要通过示教器来控制其动作的,工业机器人的手动操作与遥控玩具的操作十分类似,就是通过示教器的操纵杆让工业机器人的一个或多个关节轴转动起来。在本项目中我们还将学习工业机器人的基本指令、坐标系设定等知识,为后面的学习打下坚实的基础。

项目实施

任务 2.1 ABB 工业机器人示教器的环境配置

任务目标

1. 能设置工业机器人示教器的语言及时间。
2. 能认识示教器的主要按钮。
3. 培养精益求精、着眼于细节、耐心、执着、坚持的精神。

知识探究

2.1.1 认识示教器

扫码看视频

在工业机器人的使用过程中,为了方便地控制工业机器人并对其进行现场编程与调试,厂商一般会配套手持式编程器,作为用户与工业机器人之间人机对话的工具。工业机器人手持式编程器也称示教器。示教器是进行工业机器人手动操作、程序编写、参数配置,以及监控工业机器人的手持装置,也是实现人机交互的重要控制装置。下面以 ABB 手持式示教器(见图 2-1)为例进行介绍。

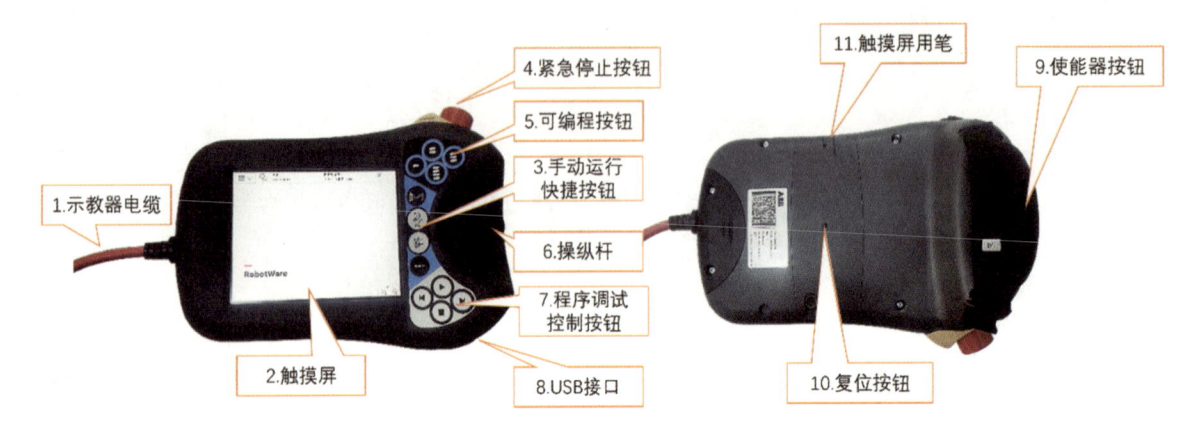

图 2-1　ABB 手持式示教器

ABB 手持式示教器采用嵌入式硬件，基于开源操作系统开发，按功能分为不同模块，主要功能模块如下。

（1）示教器电缆：与控制柜连接，实现工业机器人的控制。

（2）触摸屏：示教器的操作界面显示屏。

（3）手动运行快捷按钮：手动运行工业机器人时，线性运动或重定位运动等模式的快速切换按钮。

（4）紧急停止按钮：该按钮的功能与控制柜的紧急停止按钮的功能相同。

（5）可编程按钮：该按钮在仿真软件中也称为可编程按键，其功能可根据需要自行配置，常用于配置数字信号的切换，在未配置功能的情况下该按钮无效。

（6）操纵杆：在手动运行模式下，通过拨动操纵杆可手动操作工业机器人。

（7）程序调试控制按钮：可控制程序进行单步或连续调试，还可以控制调试的开始和停止。

（8）USB 接口：用于外接 U 盘等存储设备，传输工业机器人程序和数据等。

（9）使能器按钮：手动运行工业机器人时，须按下使能器按钮，并保持在电机通电开启的状态，才可对工业机器人进行手动操作与程序调试。

（10）复位按钮：使用该按钮可以解决示教器死机问题或示教器本身硬件引起的异常情况等。

（11）触摸屏用笔：操作触摸屏的工具。

2.1.2　使用示教器

1. 手持式示教器

手持式示教器的正确使用方法为左手握示教器，四指穿过示教器绑带，松弛地按在使能器按钮上，右手操作屏幕和按钮等，如图 2-2 所示。

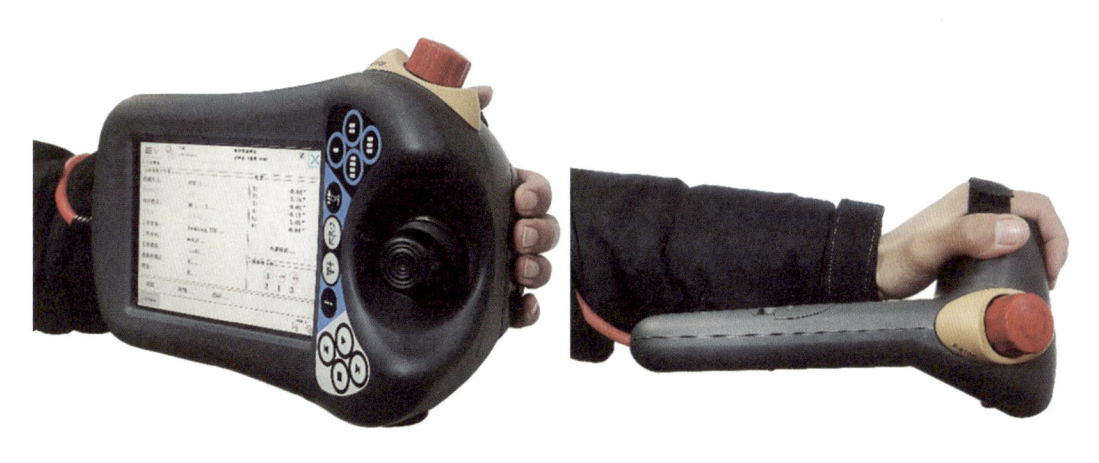

图 2-2　手持式示教器的正确使用方法

2. 使用使能器按钮

使能器按钮共分为两挡，轻松按下使能器按钮时为使能器第一挡位，工业机器人将处于电机通电开启状态。此时，示教器状态栏显示"电机开启"，如图 2-3 所示。

使能器第二挡位是为了保证操作人员人身安全而设置的。发生危险时，人会本能地松开或抓紧使能器按钮。当抓紧使能器按钮时为使能器第二挡位，工业机器人会因处于电机断电防护状态而马上停下来，以保证生产安全。此时示教器状态栏显示"防护装置停止"，如图 2-4 所示。

图 2-3　使能器第一挡位的示教器界面显示　　图 2-4　使能器第二挡位的示教器界面显示

2.1.3　查看工业机器人的常用信息和事件日志

1. 查看工业机器人的常用信息

工业机器人的常用信息的显示位置如图 2-5 所示。

（1）运行模式：会显示"手动"或"自动"两种模式，目前为"手动"模式。

（2）系统信息：会显示工业机器人序列号等信息。

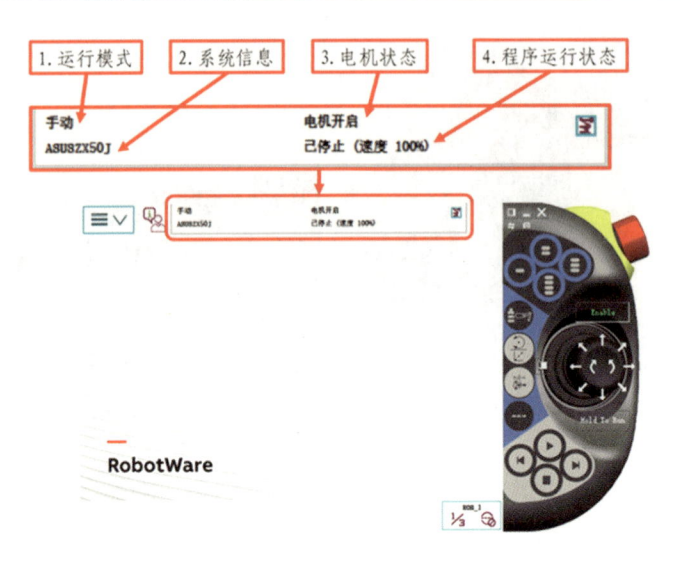

图 2-5　工业机器人的常用信息的显示位置

（3）电机状态：会显示"电机开启"或"防护装置停止"等状态，目前为"电机开启"状态。

（4）程序运行状态：会显示程序"正在运行"或"已停止（速度 100%）"等状态，目前为"已停止（速度 100%）"状态。

2．查看工业机器人的事件日志

事件日志用于记录工业机器人系统中的硬件、软件和系统问题信息，同时还可以监视发生的事件，用户可以通过它来检查错误发生的原因。查看工业机器人事件日志的操作步骤，如图 2-6 所示。

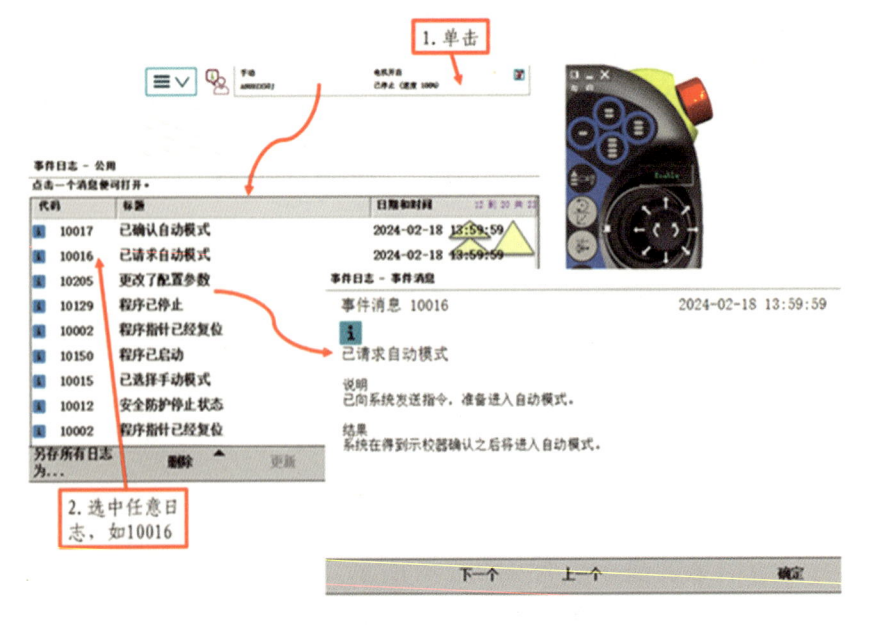

图 2-6　查看工业机器人事件日志的操作步骤

◇ 项目二 操作工业机器人

任务实践

学生工作页

班级：_____ 小组：_____ 组长：_____ 日期：_____

学生姓名：_____ 指导教师：_____ 成绩：_____（完成或没完成）

书写要求

（1）务必用签字笔书写，保证工作页整洁清晰。

（2）字迹工整，按框格书写，不要超出答题区域。

1．按照提示检查设备，给工业机器人通电。

通过操作控制柜按钮，启动工业机器人系统，使示教器显示开机界面。启动工业机器人工作站的操作步骤如表 2-1 所示。

表 2-1 启动工业机器人工作站的操作步骤

步　　骤	图　　示
打开设备"电气控制中心"	
将低压断路器合闸	
接通控制柜电源，将控制柜电源开关顺时针由"OFF"位置旋转至"ON"位置	
示教器出现右侧所示界面，工业机器人通电，启动完成	

将工业机器人通电的操作过程记录在表 2-2 中。

表 2-2 工业机器人通电的操作过程

序　号	操 作 内 容	完 成 情 况	
1	连接外部电源，合上低压断路器	□ 完成	□ 未完成
2	旋转工作台电源手柄	□ 完成	□ 未完成
3	合上低压断路器	□ 完成	□ 未完成
4	接通控制柜电源	□ 完成	□ 未完成

记录人：_____

2．按照步骤设置示教器语言。

示教器出厂时，默认的显示语言为英语，为了方便操作，将显示语言设置为中文，操作步骤如表 2-3 所示。

表 2-3 设置示教器语言的操作步骤

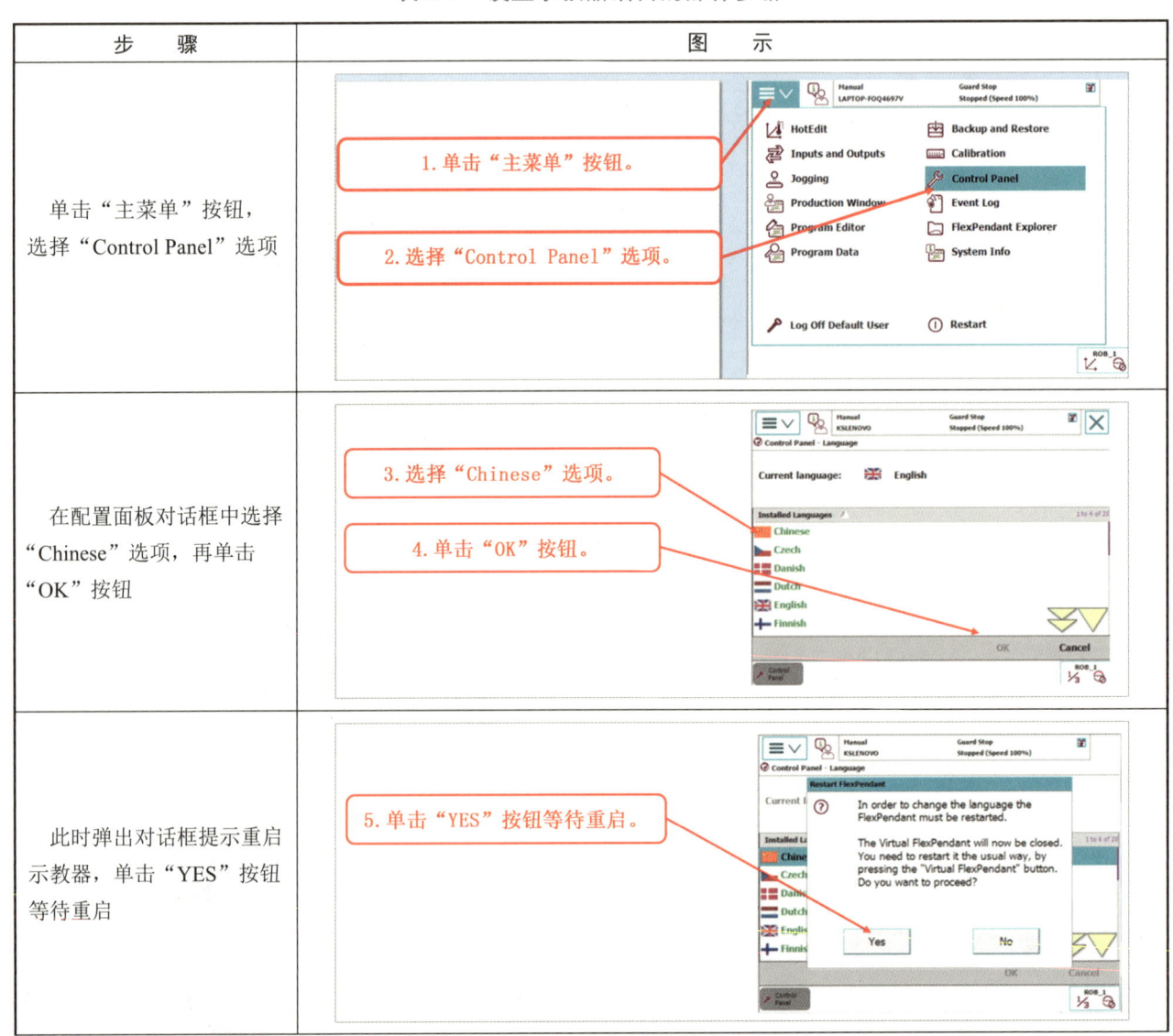

步　　骤	图　　示
单击"主菜单"按钮，选择"Control Panel"选项	1.单击"主菜单"按钮。 2.选择"Control Panel"选项。
在配置面板对话框中选择"Chinese"选项，再单击"OK"按钮	3.选择"Chinese"选项。 4.单击"OK"按钮。
此时弹出对话框提示重启示教器，单击"YES"按钮等待重启	5.单击"YES"按钮等待重启。

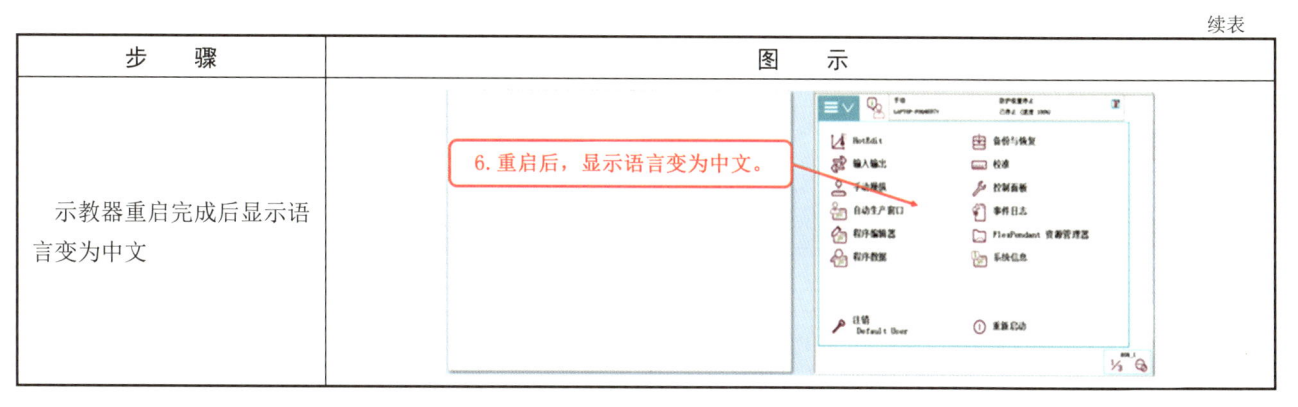

步　　骤	图　　示
示教器重启完成后显示语言变为中文	6. 重启后，显示语言变为中文。

3. 按照步骤设置示教器时间。

为了方便进行文件的管理、故障的查阅与管理，在进行各种操作之前要将工业机器人示教器的时间设定为本地时区的时间，操作步骤如表 2-4 所示。

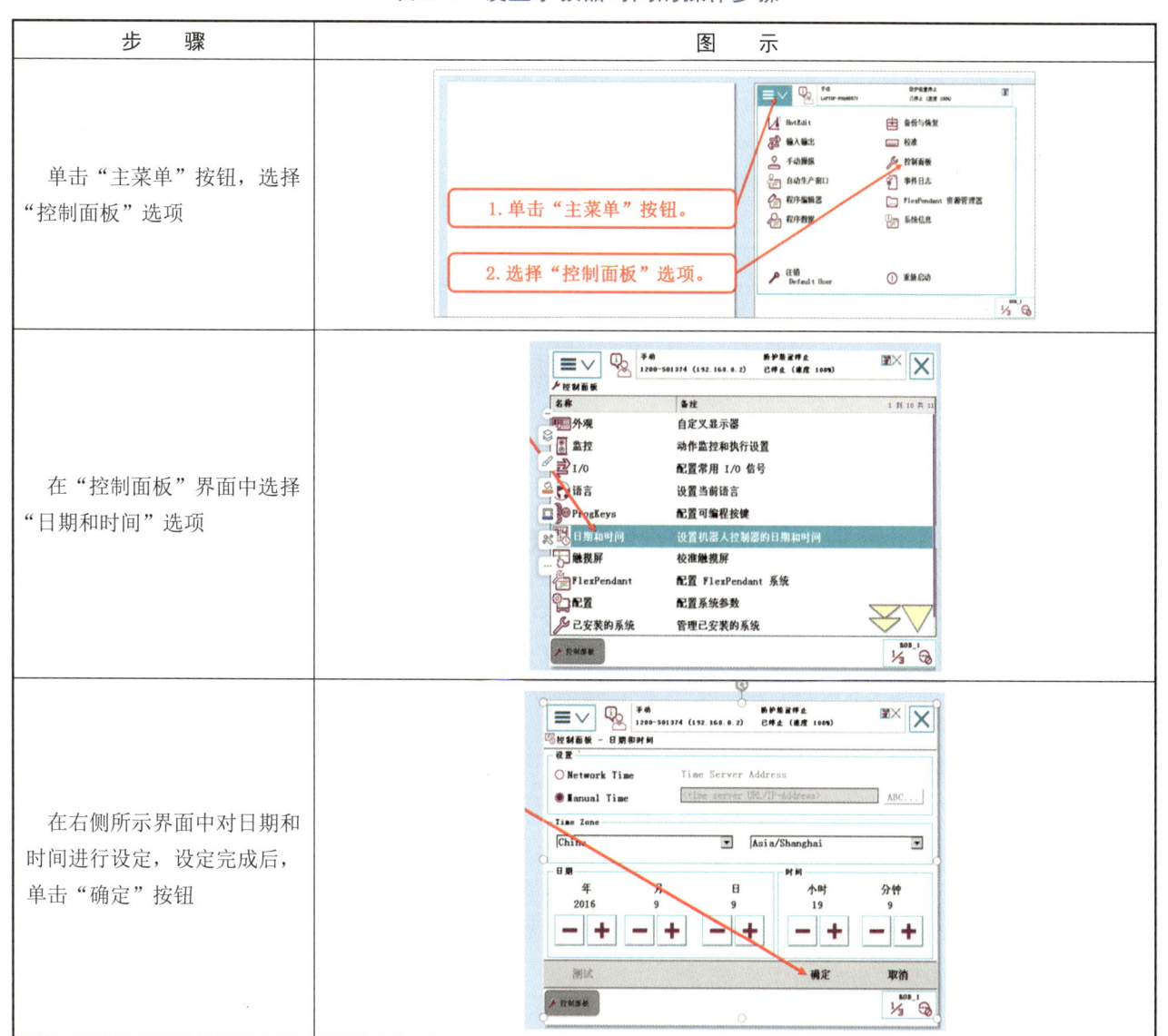

表 2-4　设置示教器时间的操作步骤

步　　骤	图　　示
单击"主菜单"按钮，选择"控制面板"选项	1. 单击"主菜单"按钮。 2. 选择"控制面板"选项。
在"控制面板"界面中选择"日期和时间"选项	
在右侧所示界面中对日期和时间进行设定，设定完成后，单击"确定"按钮	

任务评价

班级：_____ 小组：_____ 姓名：_____	总分：_____ （总分=学生自评成绩×20%+小组互评成绩×30%+教师评价成绩×50%） 指导老师：_____ 日期：_____				
评价项目	评价标准	评价依据	评价方式			配分
^	^	^	学生自评（20%）	小组互评（30%）	教师评价（50%）	^
职业素养	1. 遵守企业规章制度、劳动纪律 2. 按时、按质完成工作任务 3. 积极主动承担工作任务，勤学好问 4. 注意人身安全与设备安全 5. 工作岗位"6S"的完成情况	1. 出勤 2. 工作态度 3. 劳动纪律 4. 团队协作精神				30
专业能力	1. 能正确给工业机器人通电，并启动 2. 能将示教器语言更改为中文 3. 能正确设置示教器的日期与时间	1. 工作页完成情况 2. 小组分工情况				50
创新能力	1. 在任务完成过程中能提出有价值的观点 2. 在教学或生产管理上提出建议，且具有创新性	1. 观点的合理性和意义 2. 建议的可行性 3. 创建正确，步骤完整				20
合计						100

任务 2.2　ABB 工业机器人转数计数器更新

任务目标

1．能手动控制工业机器人在单轴、线性等模式下运行。
2．熟悉工业机器人的基本操作方式。
3．了解工业机器人各轴的机械原点位置。
4．掌握工业机器人的转数计数器更新方法。

知识探究

2.2.1　工业机器人的关节轴

IRB 120 工业机器人的本体共有 6 个关节轴，如图 2-7 所示。6 个关节轴通过 6 个伺服电机进行驱动，并规定了旋转的正方向。

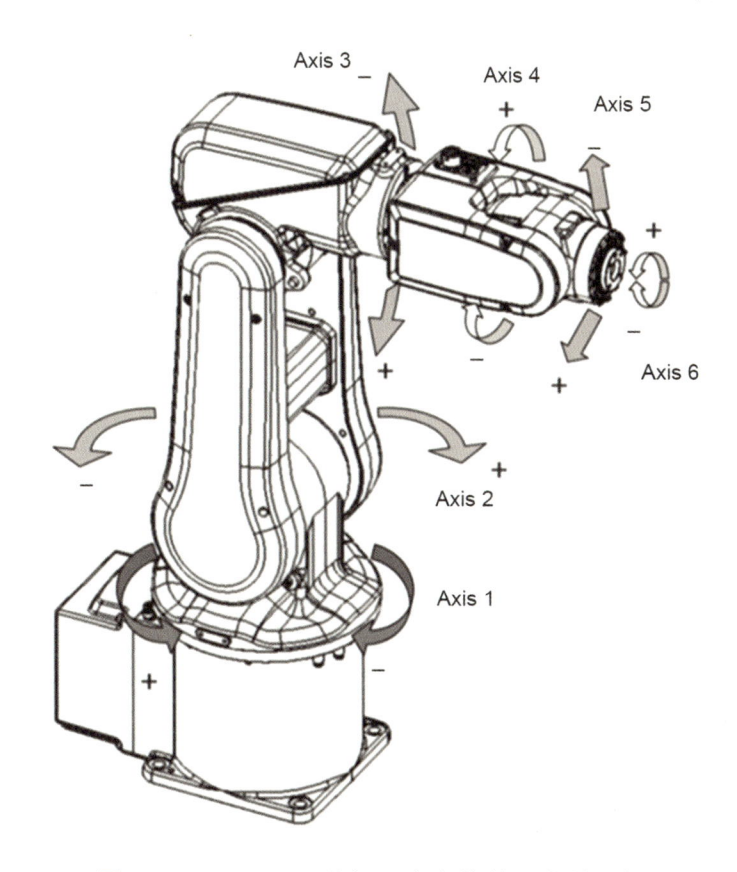

图 2-7　IRB 120 工业机器人本体的 6 个关节轴

2.2.2　工业机器人的机械原点

工业机器人在出厂时，为每个关节轴都设定了机械原点，对应着本体上 6 个关节轴的同步标记，以此作为各关节轴的运动基准。以各关节轴的机械原点和规定的运动方向为基准的关节坐标系，是工业机器人各关节轴在独立运动时的参考坐标系。各关节轴的机械原点如图 2-8 所示。

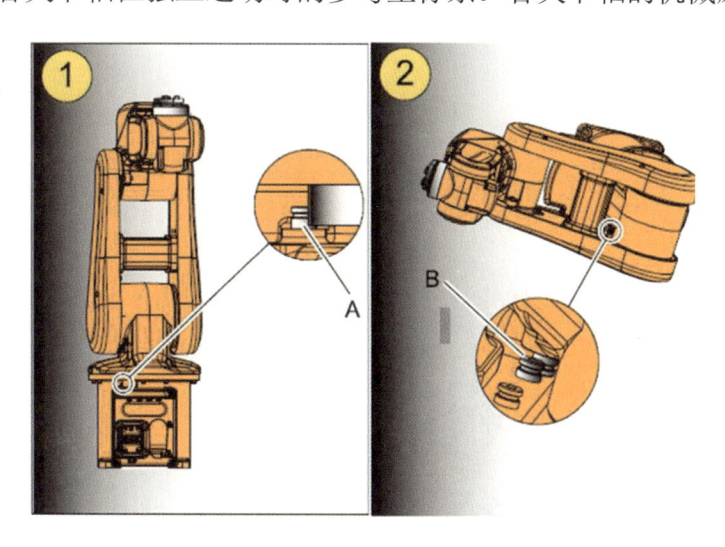

图 2-8　各关节轴的机械原点

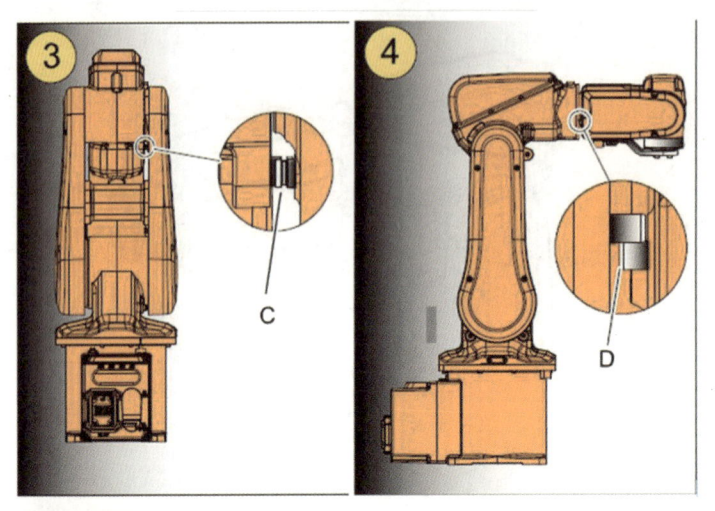

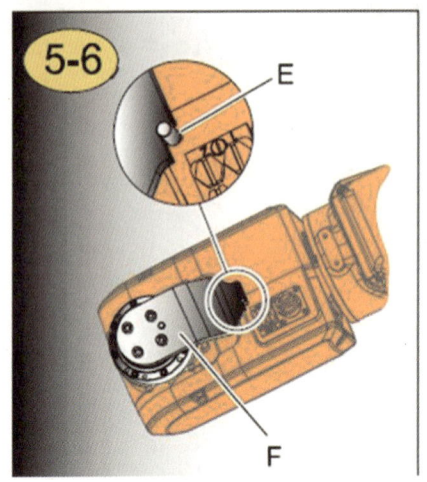

图 2-8　各关节轴的机械原点（续）

6 个关节轴在自动校正时需要安装辅助校准工具，A 为连接螺钉，B 为校准工具。辅助校准工具安装位置如图 2-9 所示。

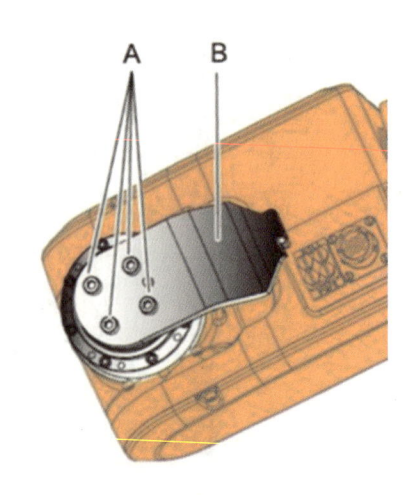

图 2-9　辅助校准工具安装位置

> **任务实践**

学生工作页

班级：_____ 小组：_____ 组长：_____ 日期：_____

学生姓名：_____ 指导教师：_____ 成绩：_____（完成或没完成）

书写要求

（1）务必用签字笔书写，保证工作页整洁清晰。

（2）字迹工整，按框格书写，不要超出答题区域。

1. 操作工业机器人单轴运行。

操作工业机器人进行单轴运行，操作步骤如表 2-5 所示。

扫码看视频

表 2-5 工业机器人单轴运行的操作步骤

步 骤	图 示
单击"主菜单"按钮，选择"手动操纵"→"动作模式"选项	
选择单轴运动模式，然后单击"确定"按钮	
按下使能器按钮，并在状态栏中确认显示"电机开启"	

续表

步　　骤	图　　示
根据操纵杆方向，拨动操纵杆完成单轴运动	拨动操作杆

2．设置工业机器人的机械原点。

手动将工业机器人各关节轴调整到机械原点，操作步骤如表 2-6 所示。

扫码看视频

表 2-6　手动将工业机器人各关节轴调整到机械原点的操作步骤

步　　骤	图　　示
手动调整 6 轴至图示位置	
手动调整 5 轴至图示位置	
手动调整 4 轴至图示位置	

续表

步　　骤	图　示
手动调整 3 轴至图示位置	
手动调整 2 轴至图示位置	
手动调整 1 轴至图示位置	

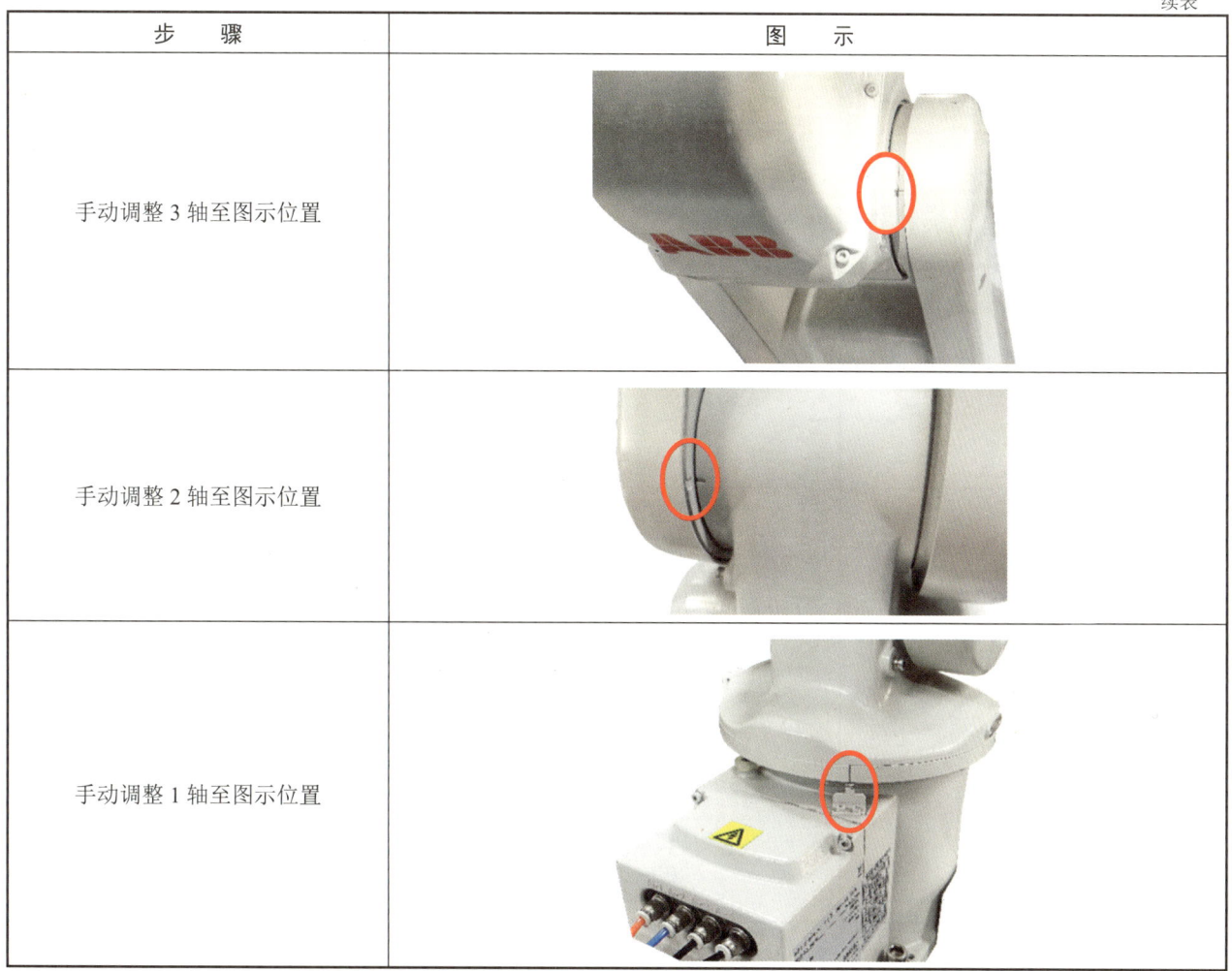

3. 更新转数计数器。

更新转数计数器的操作步骤如表 2-7 所示。

扫码看视频

表 2-7　更新转数计数器的操作步骤

步　　骤	图　示
单击"主菜单"按钮，选择"校准"选项	

续表

步　　骤	图　　示
选择"ROB_1"选项，选择手动方式，再选择"转数计数器"选项，更新转数计数器	
先在弹出的对话框中单击"是"按钮，其次单击"全选"按钮，再在新弹出对话框中单击"更新"按钮，最后单击"校准"按钮	

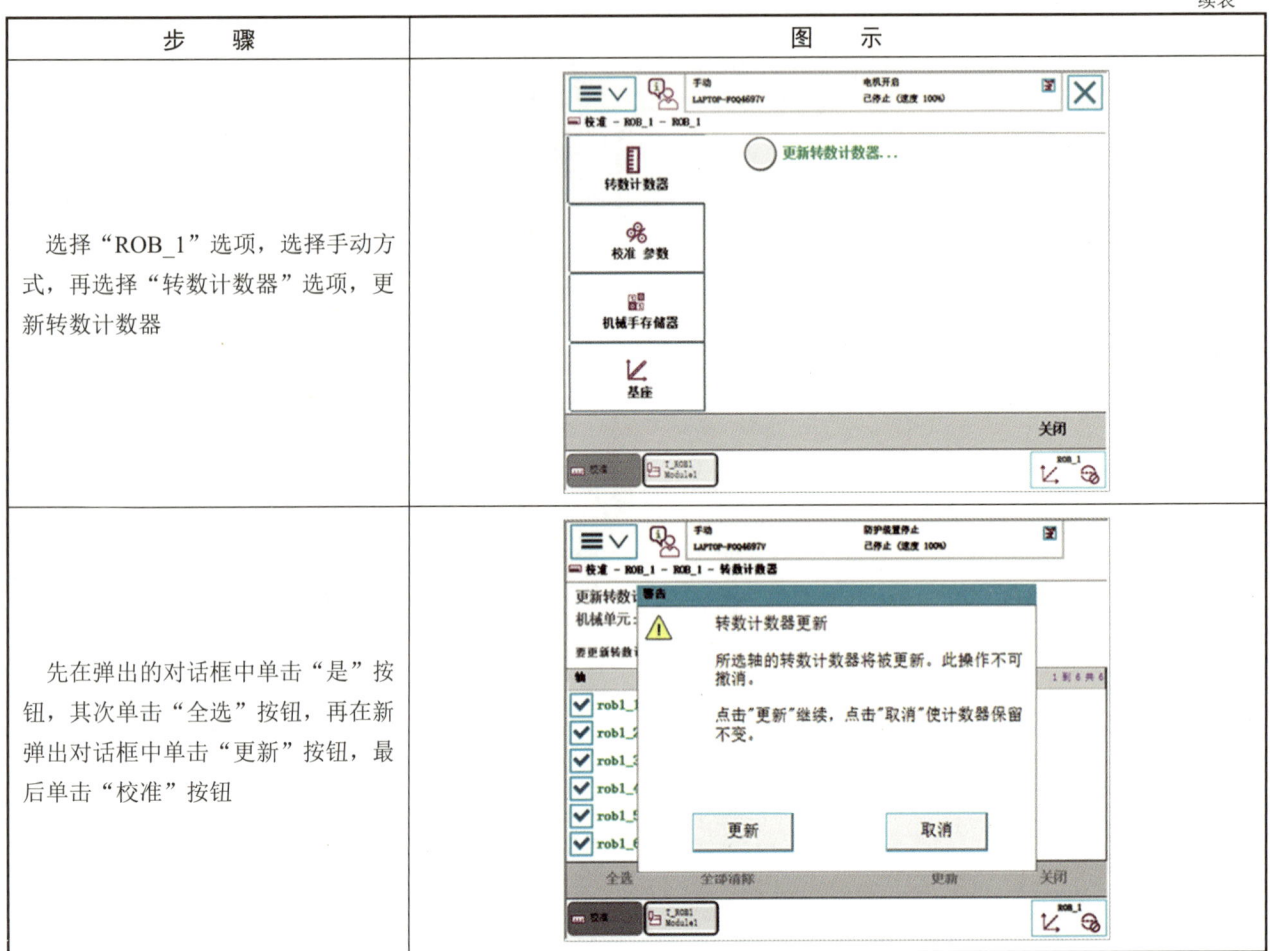

任务评价

班级：_____
小组：_____
姓名：_____

总分：_____
（总分=学生自评成绩×20%＋小组互评成绩×30%＋教师评价成绩×50%）
指导老师：_____　　日期：_____

评价项目	评价标准	评价依据	评价方式			配分
			学生自评（20%）	小组互评（30%）	教师评价（50%）	
职业素养	1. 遵守企业规章制度、劳动纪律 2. 按时、按质完成工作任务 3. 积极主动承担工作任务，勤学好问 4. 注意人身安全与设备安全 5. 工作岗位"6S"的完成情况	1. 出勤 2. 工作态度 3. 劳动纪律 4. 团队协作精神				30
专业能力	1. 能正确操作工业机器人进行单轴运动 2. 能手动将1～6轴调整到机械原点位置 3. 能正确进行转数计数器的更新	1. 工作页完成情况 2. 小组分工情况				50

续表

评价项目	评价标准	评价依据	评价方式			配分
			学生自评（20%）	小组互评（30%）	教师评价（50%）	
创新能力	1. 在任务完成过程中能提出有价值的观点 2. 在教学或生产管理上提出建议，且具有创新性	1. 观点的合理性和意义 2. 建议的可行性 3. 创建正确，步骤完整				20
合 计						100

任务 2.3　ABB 工业机器人基本指令训练

任务目标

1. 能掌握 RAPID 程序的基本架构和编程逻辑。
2. 能熟悉并掌握四种常用的运动指令。
3. 能使用运动指令使工业机器人回到机械原点。
4. 能使用运动指令实现两点间的运动。
5. 能使用圆弧运动指令。

知识探究

2.3.1　RAPID 编程语言

RAPID 编程语言是 ABB 公司针对用户示教编程所开发的一种基于计算机的高级编程语言，它把一连串控制工业机器人的指令人为有序地组织了起来。通过执行 RAPID 程序，可以实现操作工业机器人运动、控制 I/O 通信、执行逻辑运算等功能。

工业机器人的 RAPID 程序由系统模块和程序模块组成，在每个模块中可以建立若干个程序。RAPID 程序的基本架构如图 2-10 所示。

RAPID 程序也称任务，由程序模块和系统模块组成，RAPID 程序的模块界面如图 2-11 所

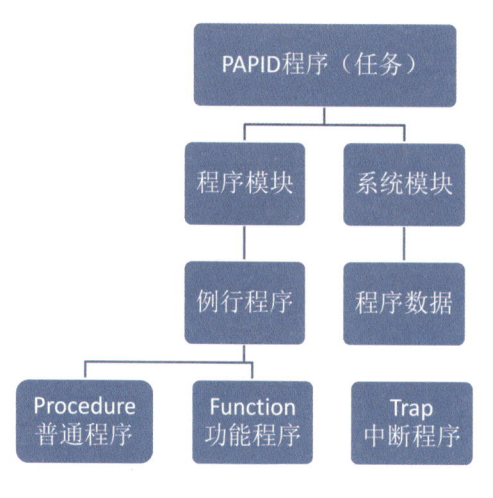

图 2-10　RAPID 程序的基本架构

示。系统模块用于系统方面的控制，默认生成的系统模块有 user 与 BASE。程序模块需要手动新建，图 2-11 所示的 Module1～Module3 就是新建的程序模块。

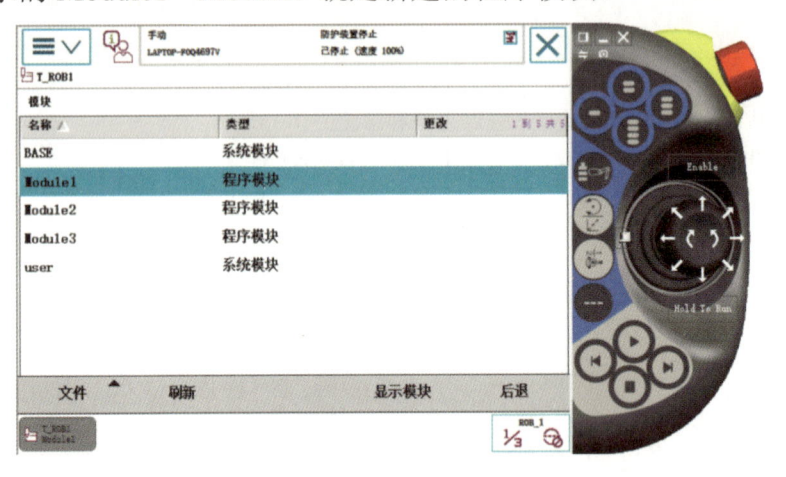

图 2-11　RAPID 程序的模块界面

在设计工业机器人程序时，可以根据不同的用途创建不同的程序模块，目的在于方便归类和管理不同用途的例行程序与程序数据。每一个模块可包括程序数据、普通程序、中断程序和功能程序 4 种对象，但在每个模块中不一定 4 种对象都有，且各模块的程序数据、普通程序、中断程序和功能程序都能互相调用。如图 2-12 所示，main( )、Routine1( )、Routine2( )和 Routine3( )是普通程序，类型为"Procedure"；Routine4( )和 Routine5( )为功能程序，类型为"Function"；Routine6 为中断程序，类型为"Trap"。

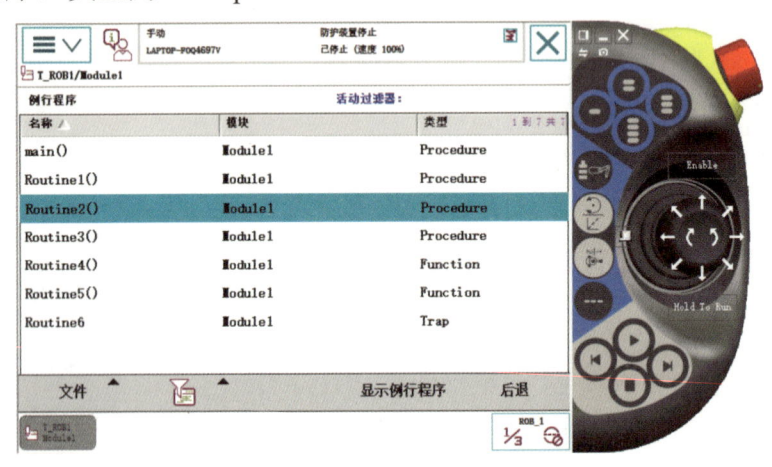

图 2-12　RAPID 程序的例行程序界面

2.3.2　工业机器人的运动指令

运动指令用以控制工业机器人按一定轨迹运动到指定位置。常用的运动指令主要有绝对位置运动指令（MoveAbsJ）、关节运动指令（MoveJ）、线性运动指令（MoveL）和圆弧运动指令（MoveC）。

1. 绝对位置运动指令（MoveAbsJ）

绝对位置运动指令（MoveAbsJ）指示工业机器人参照 6 个关节轴的角度值进行运动，常用于工业机器人 6 个关节轴回到机械原点等。

绝对位置运动指令说明如表 2-8 所示。

表 2-8 绝对位置运动指令说明

参　数	定　义	操　作　说　明
Home	关节位置数据	定义工业机器人 TCP（工具中心点）的运动目标
\NoEOffs	外轴不带偏移数据（可省略）	—
v1000	运动速度数据，为 1000 mm/s	定义工业机器人 TCP 的运动速度
z50	转角区域数据，为 50 mm	定义工业机器人 TCP 的转角区域大小
tool0	工具坐标数据	定义当前指令使用的工具

工业机器人的机械零点位置参数如表 2-9 所示。

表 2-9 工业机器人的机械零点位置参数

参　数　名　称	参　数　值
rax_1	0
rax_2	0
rax_3	0
rax_4	0
rax_5	0
rax_6	0

关节位置数据 jointtarget 用于存储工业机器人每个关节轴的角度位置。通过 MoveAbsJ 指令可以使工业机器人各关节轴旋转至指定角度。

2. 关节运动指令（MoveJ）

关节运动指令（MoveJ）在对工业机器人路径精度要求不高的情况下指示工业机器人的 TCP，以移动路径不一定是直线的方式，从起点运动到目标位置。它的优点是不易在运动过程中出现关节轴进入机械死点的问题，关节运动路径示意图如图 2-13 所示。

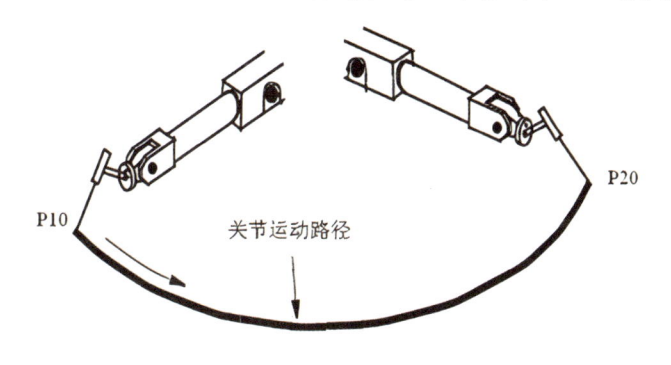

图 2-13 关节运动路径示意图

关节运动指令说明如表 2-10 所示。

表 2-10 关节运动指令说明

参　数	定　义	操 作 说 明
p30	位置数据	定义工业机器人 TCP 的运动目标
v1000	运动速度数据，为 1000 mm/s	定义工业机器人 TCP 的运动速度
z50	转角区域数据，为 50 mm	定义工业机器人 TCP 的转角区域大小
tool0	工具坐标数据	定义当前指令使用的工具

3. 线性运动指令（MoveL）

线性运动指令（MoveL）指示工业机器人的 TCP，以移动路径为直线的方式，从起点运动到目标位置。在此运动指令下，工业机器人的运动状态可控，运动路径保持唯一。该运动指令一般用于对路径精度要求较高的场合，线性运动路径示意图如图 2-14 所示。

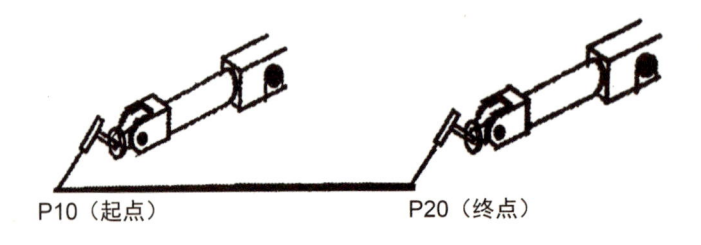

图 2-14 线性运动路径示意图

线性运动指令说明如表 2-11 所示。

表 2-11 线性运动指令说明

参　数	定　义	操 作 说 明
P20	位置数据	定义工业机器人 TCP 的运动目标
v1000	运动速度数据，为 1000 mm/s	定义工业机器人 TCP 的运动速度
z50	转角区域数据，为 50 mm	定义工业机器人 TCP 的转角区域大小
tool0	工具坐标数据	定义当前指令使用的工具

位置数据 robtarget 用于存储工业机器人的位置等相关参数，是指在运动指令中工业机器人将要运动到的目标位置。

转角区域数据 zonedata 用于描述工业机器人 TCP 如何接近编程位置，可以以停止点或飞越点的形式来终止当前正在执行的指令。停止点要求工业机器人必须到达指定位置后才能执行下一条指令，使用的转角区域数据为 fine。飞越点要求工业机器人在到达指定位置之前以圆弧的轨迹转向下一个指定位置，常用的转角区域数据有 z20、z50 等。设置飞越点可以使工业机器人的运动轨迹更加圆滑。

速度数据 speeddata 用于存储工业机器人运动时的速度等相关参数，定义了 TCP 移动时的速度和工具的重定位速度等。常用的速度数据有 v20、v50、v200 和 v1000 等。一般情况下，涂胶工艺的模拟出胶过程应采用较低的速度运动。

4．圆弧运动指令（MoveC）

圆弧运动指令（MoveC）指示工业机器人的 TCP，以移动路径为圆弧的方式，从起点运动到目标位置。该运动指令的使用需要在可到达的空间范围内定义 3 个位置（点），第 1 个点是圆弧的起点，第 2 个点用于设定圆弧的曲率，第 3 个点是圆弧的终点，圆弧运动路径示意图如图 2-15 所示。

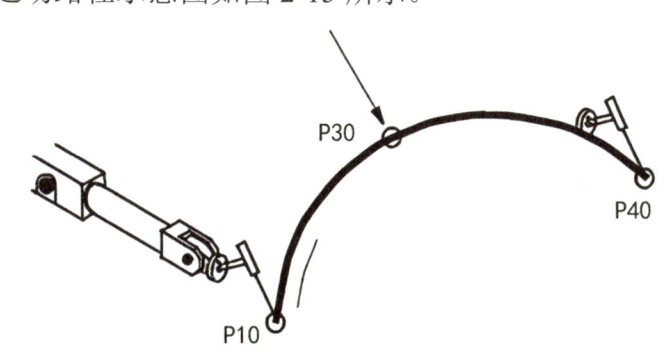

图 2-15 圆弧运动路径示意图

圆弧运功指令说明如表 2-12 所示。

表 2-12 圆弧运动指令说明

参　数	定　义	操 作 说 明
P30、P40	位置数据	定义工业机器人 TCP 的运动目标
v1000	运动速度数据，为 1000 mm/s	定义工业机器人 TCP 的运动速度
z50	转角区域数据，为 50 mm	定义工业机器人 TCP 的转角区域大小
tool0	工具坐标数据	定义当前指令使用的工具

任务实践

学生工作页

班级：_____ 小组：_____ 组长：_____ 日期：_____

学生姓名：_____ 指导教师：_____ 成绩：_____（完成或没完成）

书写要求

（1）务必用签字笔书写，保证工作页整洁清晰。

（2）字迹工整，按框格书写，不要超出答题区域。

1．使用运动指令使工业机器人回到机械原点，操作步骤如表 2-13 所示。

表 2-13　使用运动指令使工业机器人回到机械原点的操作步骤

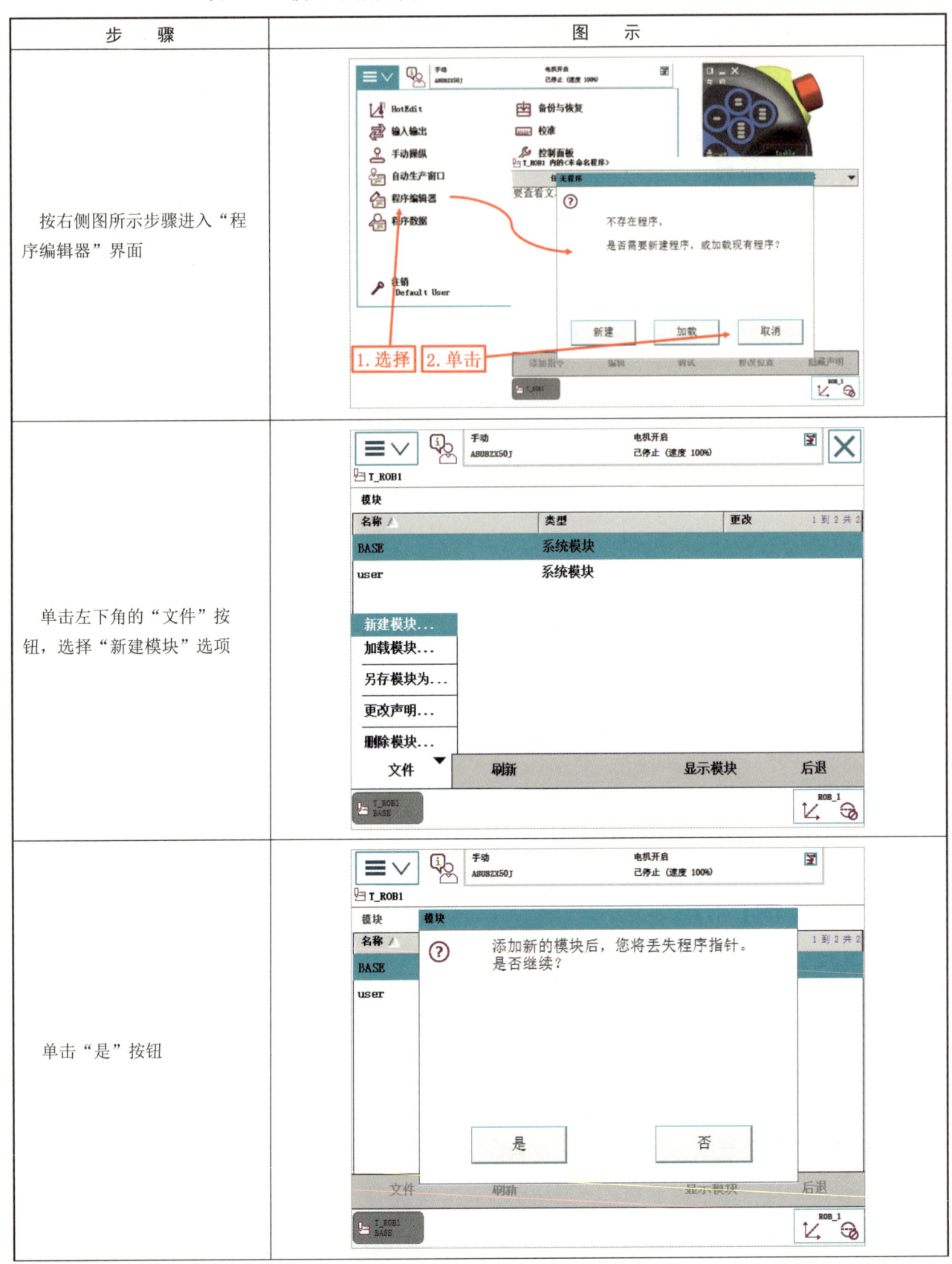

步　骤	图　示
按右侧图所示步骤进入"程序编辑器"界面	
单击左下角的"文件"按钮，选择"新建模块"选项	
单击"是"按钮	

续表

步　　骤	图　　示
根据需要修改"名称"，然后单击"确定"按钮	
选中新建的"Module1"模块，单击"显示模块"按钮	
单击"例行程序"按钮，进入"例行程序"界面	

◇ 项目二　操作工业机器人

| 45 |

续表

步　　骤	图　　示
单击左下角的"文件"按钮，选择"新建例行程序"选项	
根据需要修改"名称"，然后单击"确定"按钮	
选中新建的"Routine1()"模块，单击"显示例行程序"按钮	

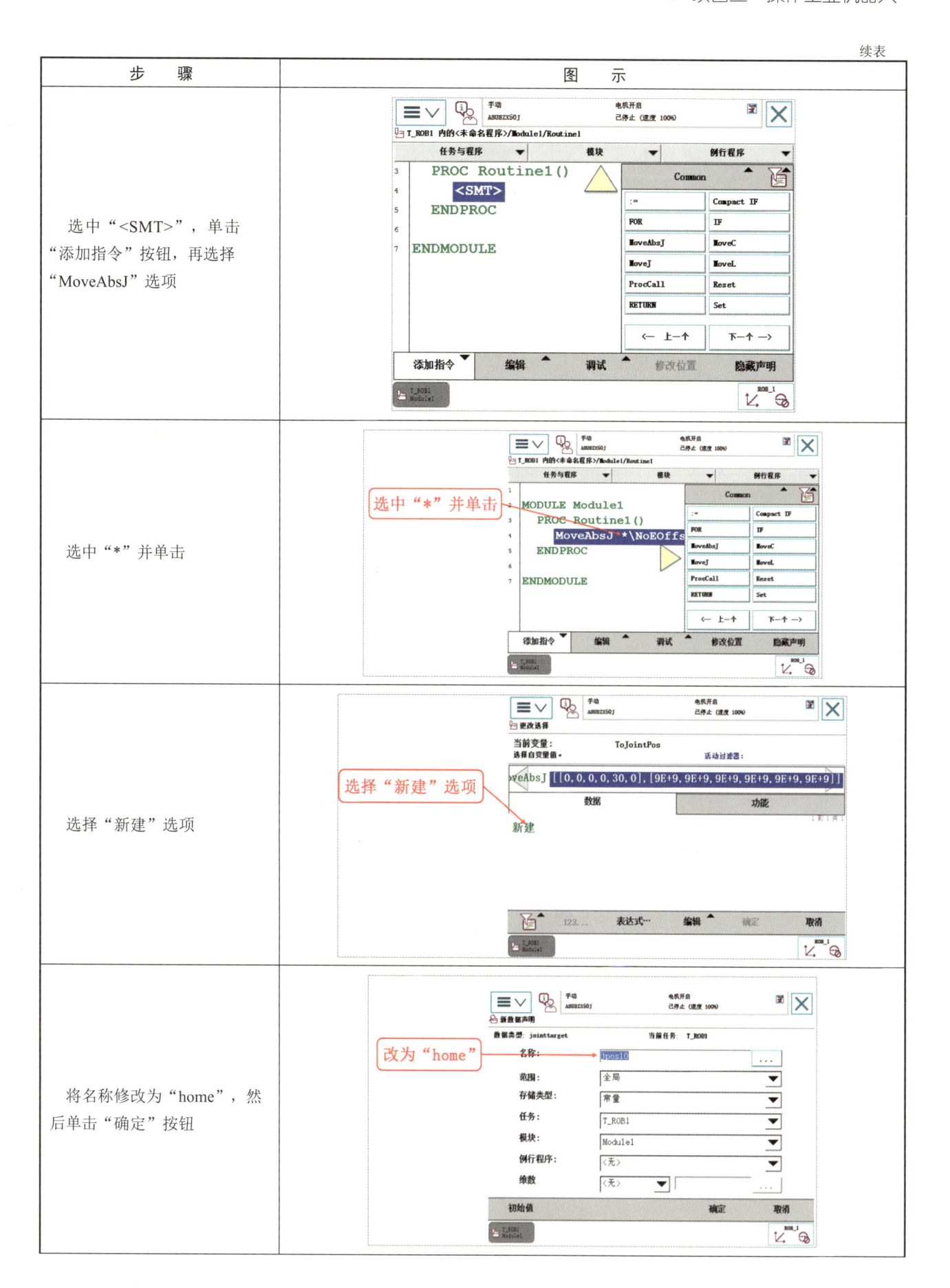

续表

步　骤	图　示
选中"<SMT>"，单击"添加指令"按钮，再选择"MoveAbsJ"选项	
选中"*"并单击	
选择"新建"选项	
将名称修改为"home"，然后单击"确定"按钮	

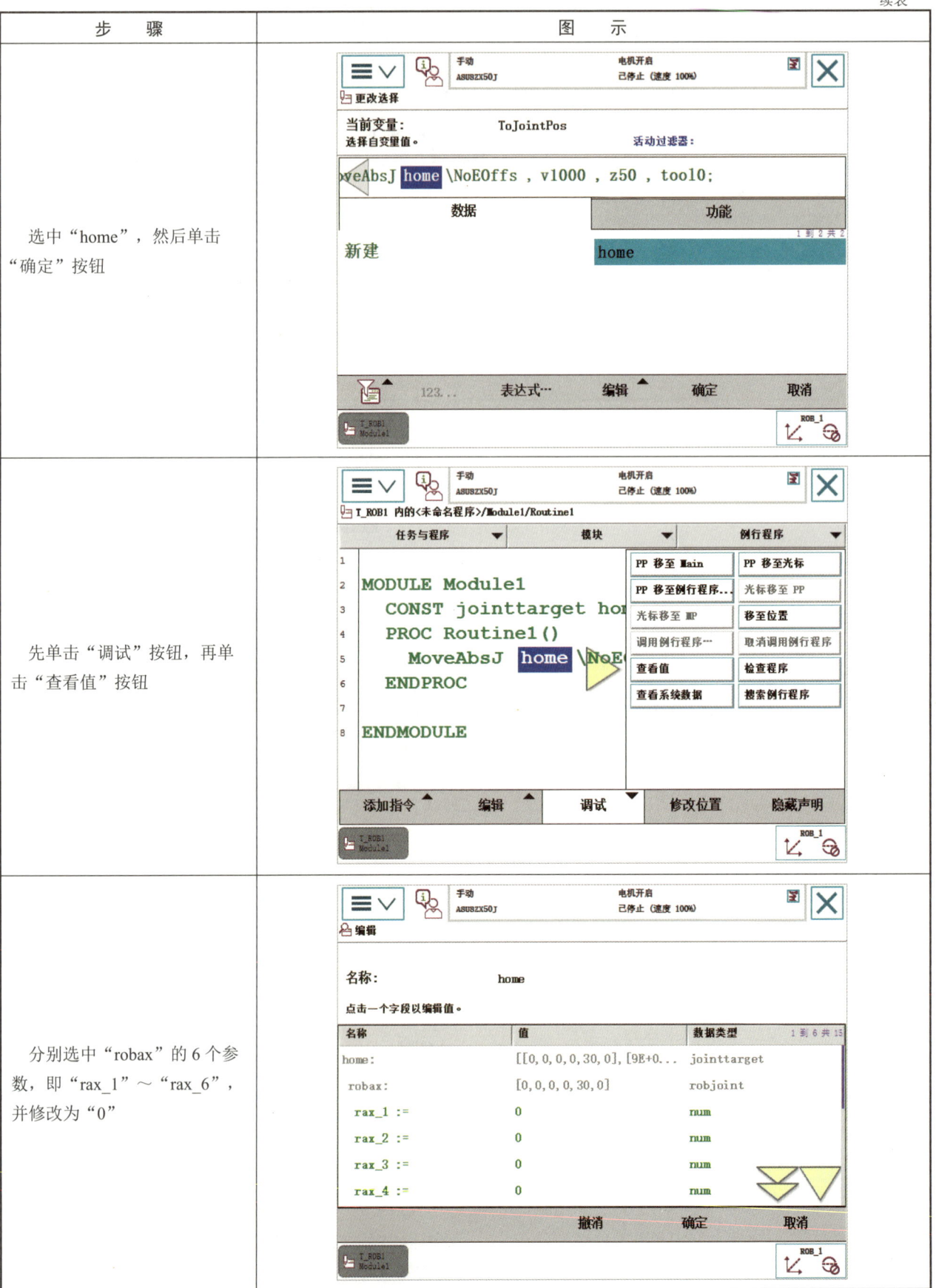

续表

步　　骤	图　　示
选中"home",然后单击"确定"按钮	
先单击"调试"按钮,再单击"查看值"按钮	
分别选中"robax"的6个参数,即"rax_1"~"rax_6",并修改为"0"	

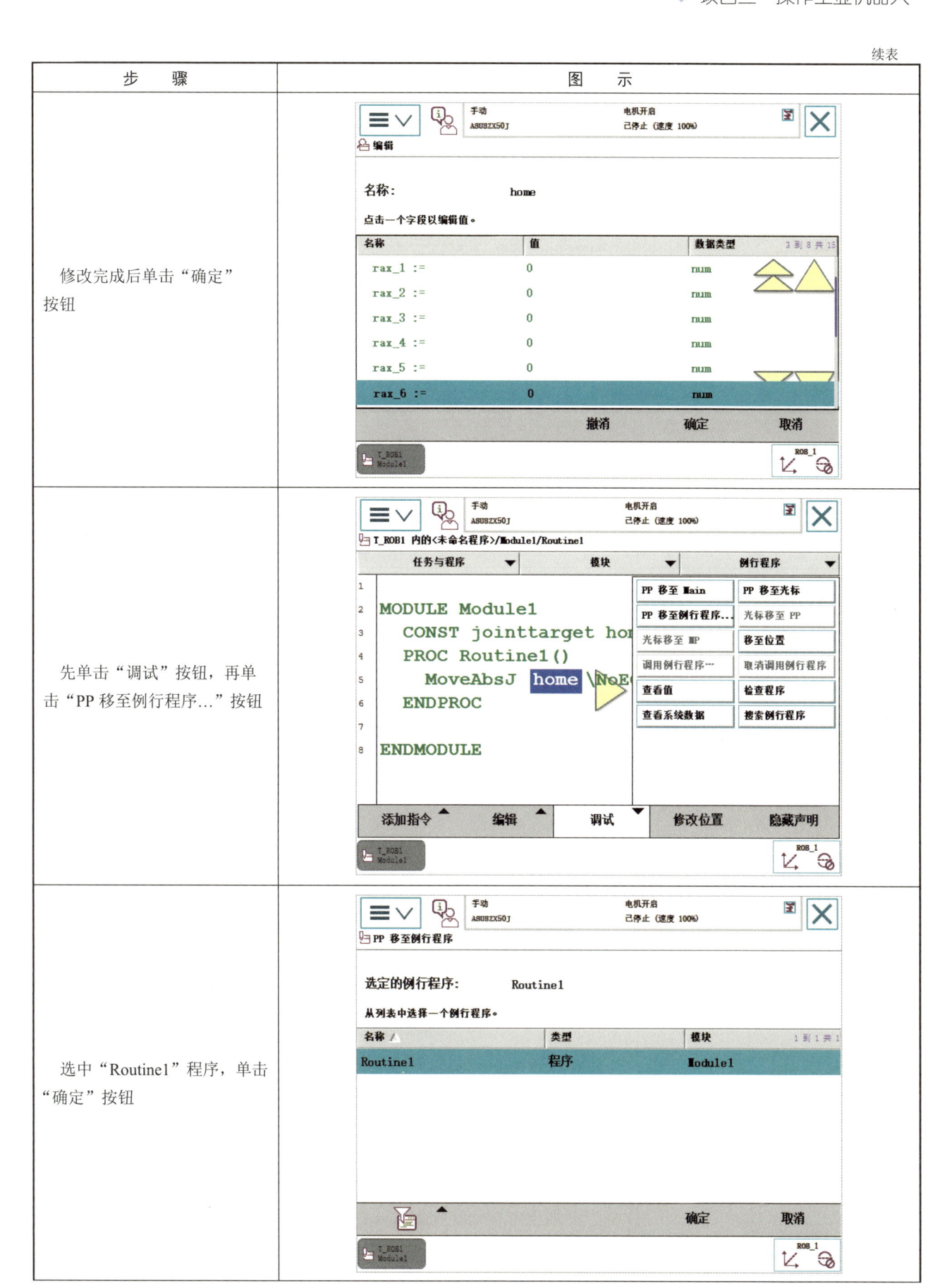

续表

步　　骤	图　　示
修改完成后单击"确定"按钮	
先单击"调试"按钮，再单击"PP 移至例行程序…"按钮	
选中"Routine1"程序，单击"确定"按钮	

续表

步骤	图示
先单击"Enable"按钮，然后单击图示按钮调试例行程序	

2. 使用运动指令实现两点间的运动，操作步骤如表 2-14 所示。

表 2-14　使用运动指令实现两点间的运动的操作步骤

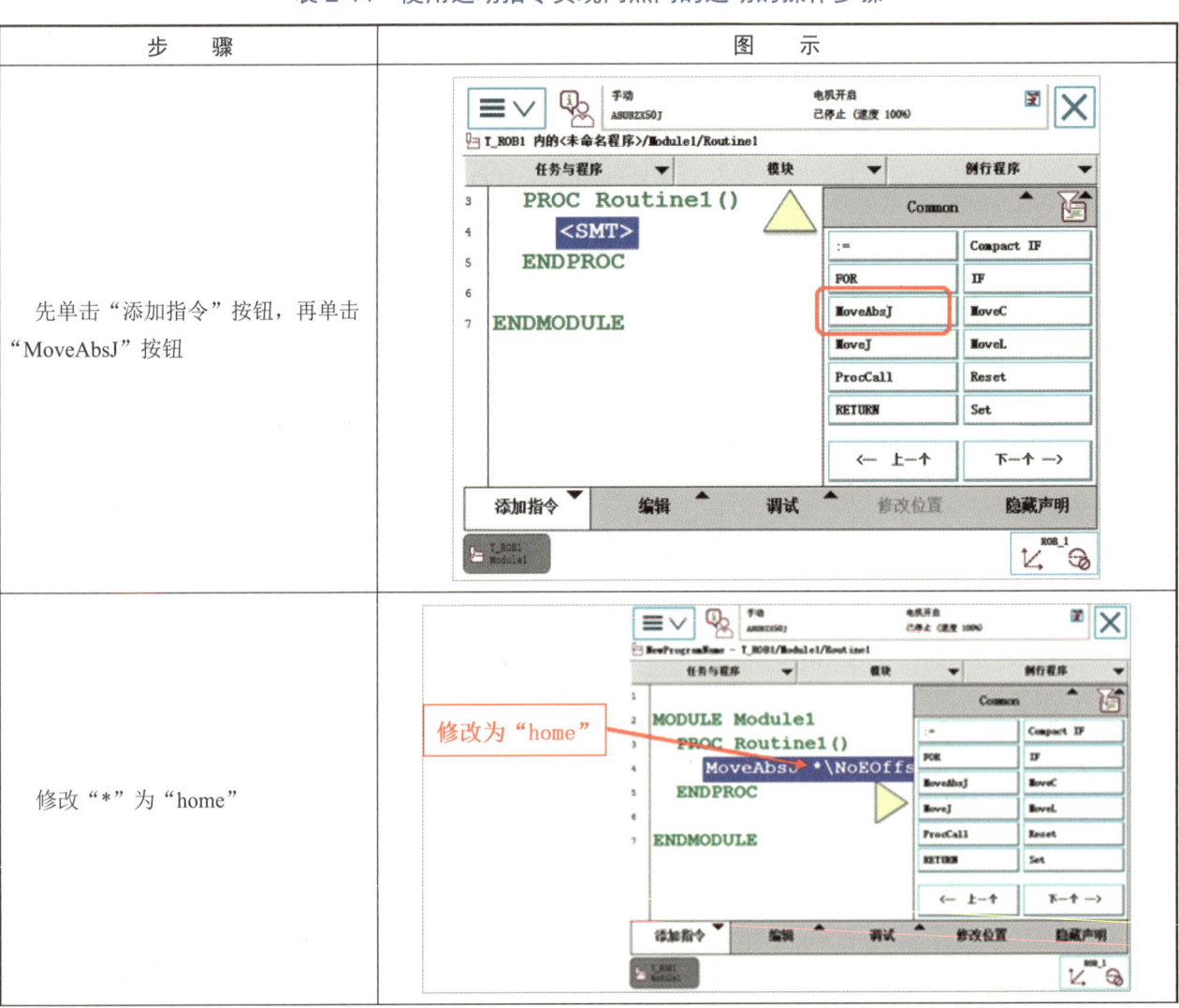

步骤	图示
先单击"添加指令"按钮，再单击"MoveAbsJ"按钮	
修改"*"为"home"	

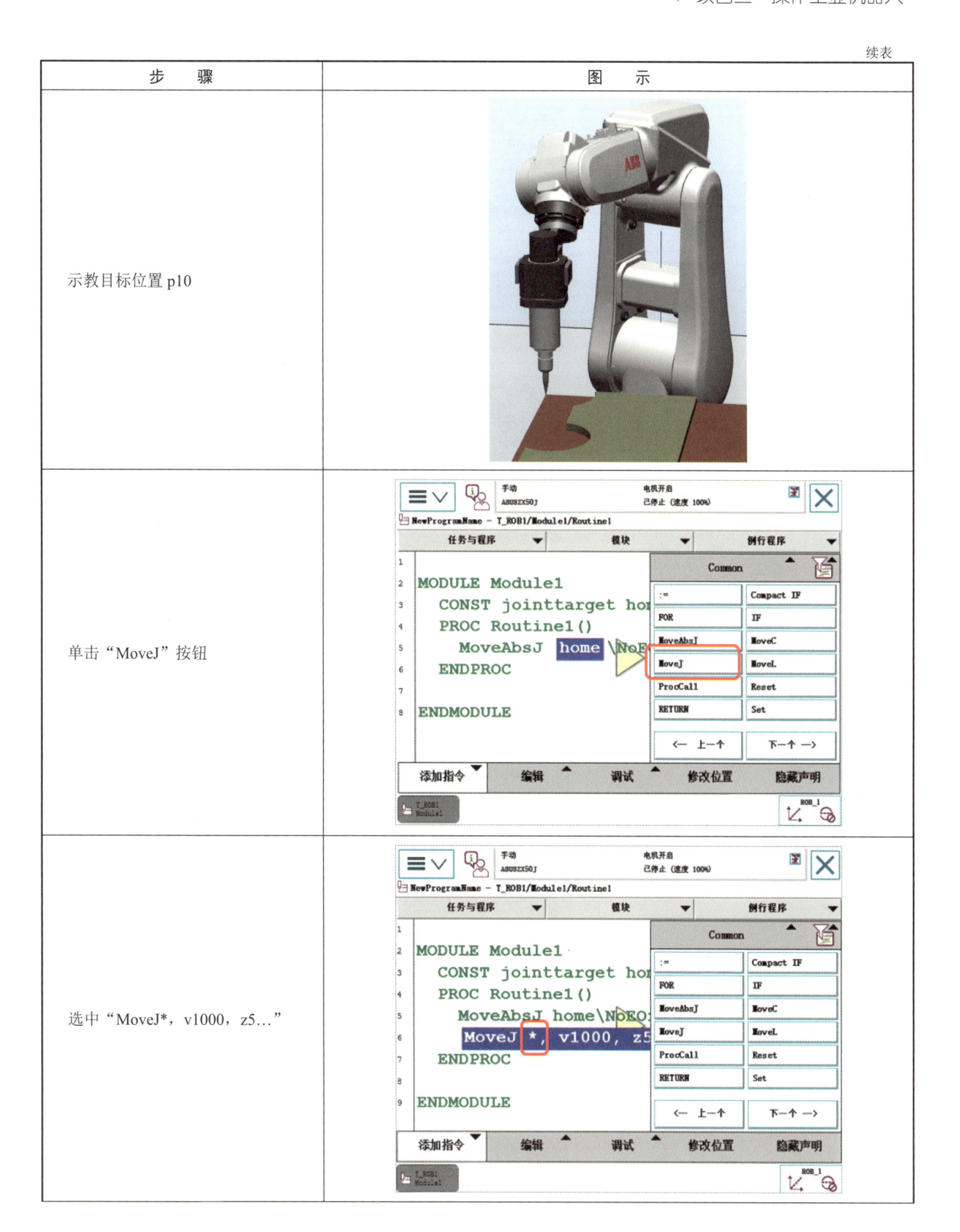

续表

步 骤	图 示
示教目标位置 p10	
单击"MoveJ"按钮	
选中"MoveJ*，v1000，z5…"	

续表

步　　骤	图　　示
选择"新建"选项	
根据需要修改名称，完成后单击"确定"按钮	
选中新建的"p10"，并单击"确定"按钮	

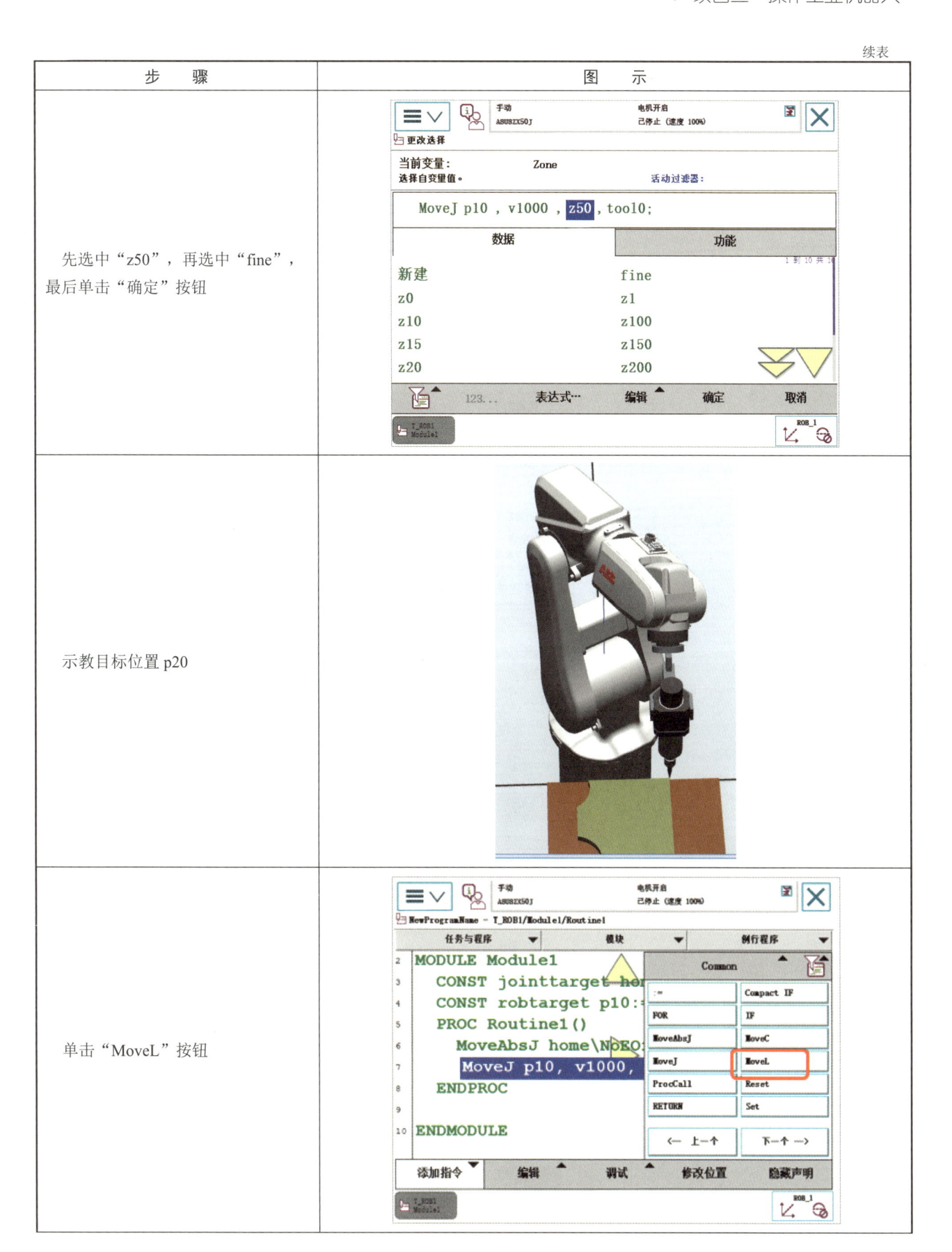

◇ 项目二 操作工业机器人

续表

步　　骤	图　　示
先选中"z50",再选中"fine",最后单击"确定"按钮	
示教目标位置 p20	
单击"MoveL"按钮	

| 53

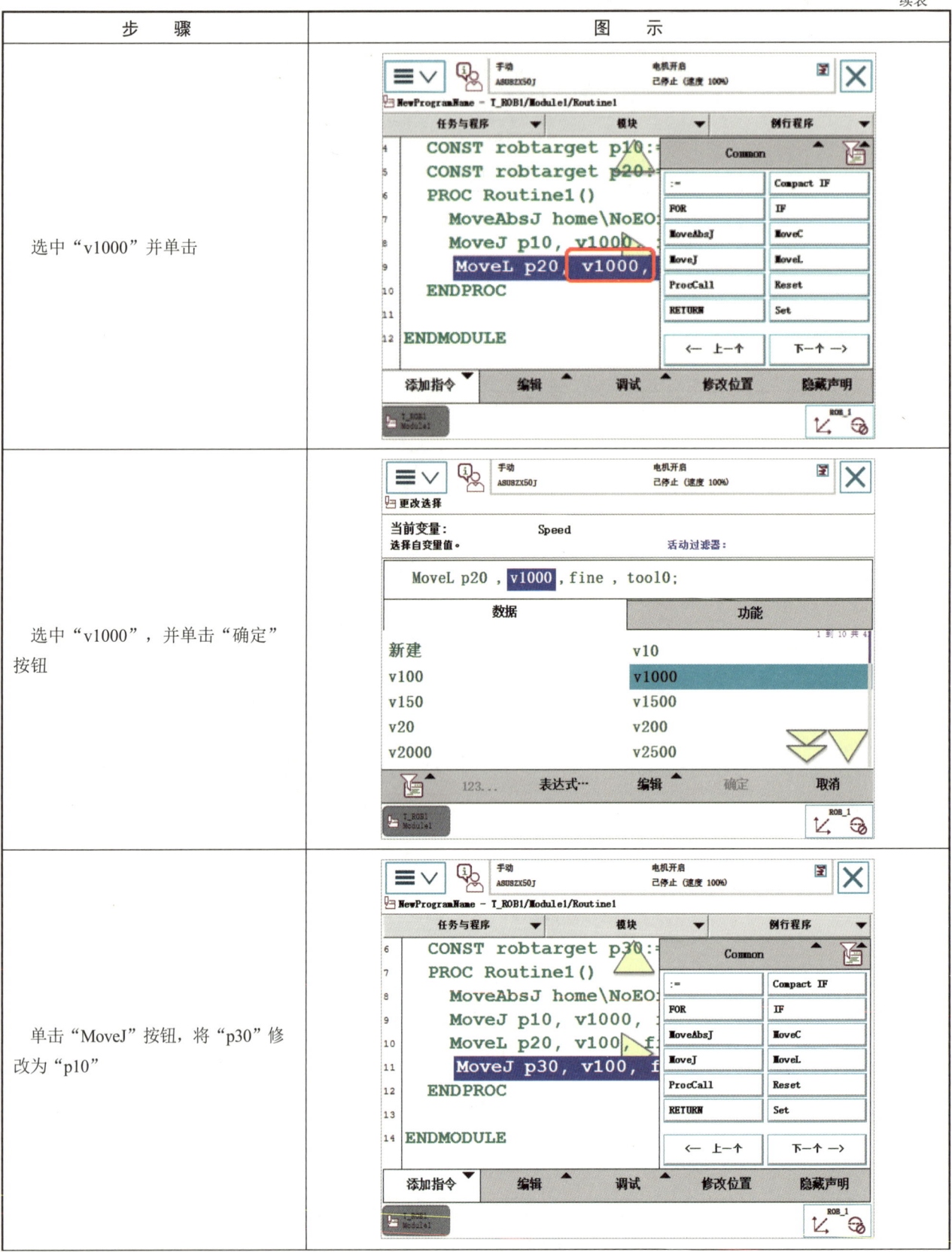

续表

步　　骤	图　　示
选中"v1000"并单击	
选中"v1000"，并单击"确定"按钮	
单击"MoveJ"按钮，将"p30"修改为"p10"	

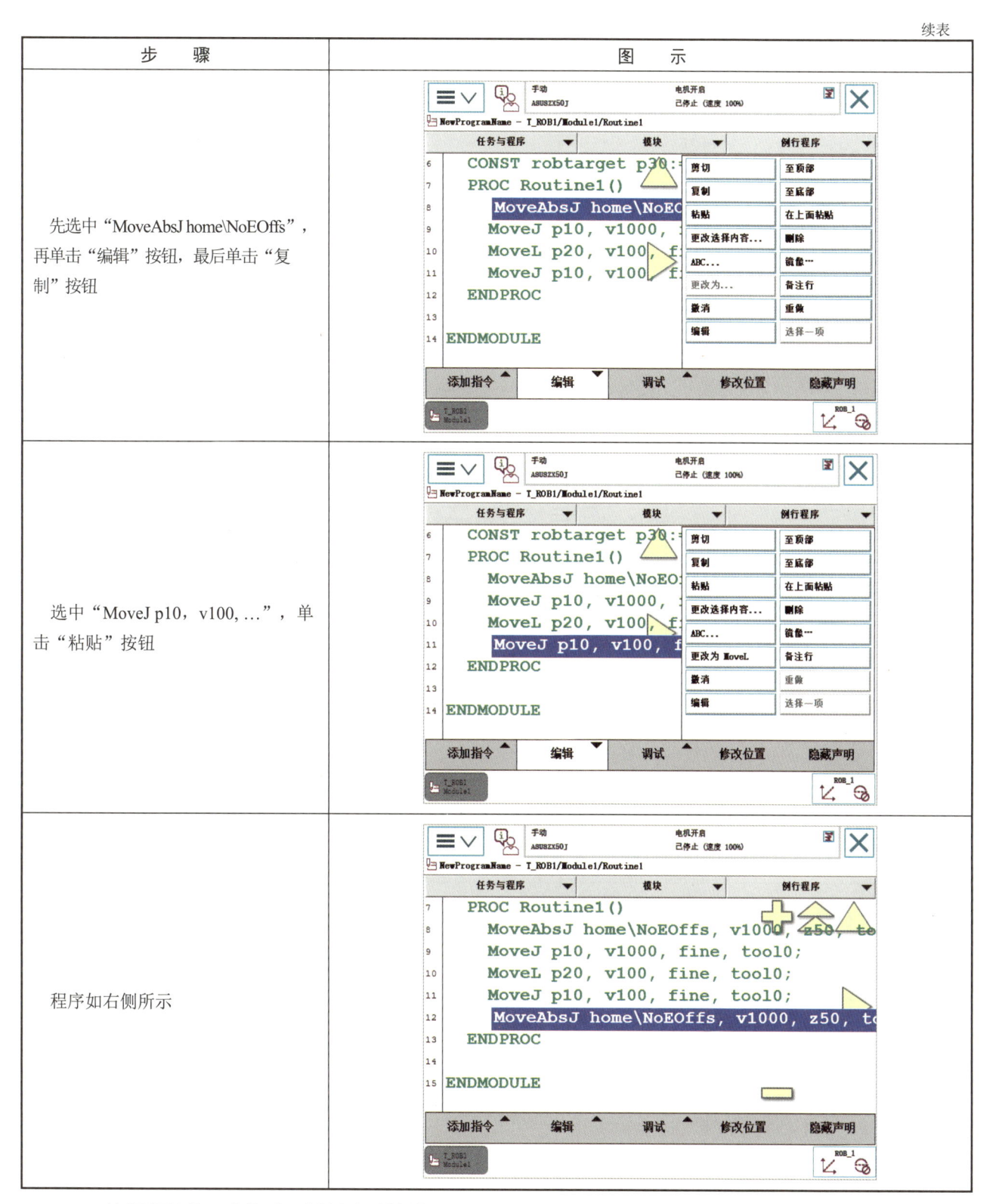

续表

步　　骤	图　　示
先选中"MoveAbsJ home\NoEOffs",再单击"编辑"按钮,最后单击"复制"按钮	
选中"MoveJ p10, v100, …",单击"粘贴"按钮	
程序如右侧所示	

3．使用圆弧运动指令示教圆弧轨迹。

完整的圆弧由 3 个点组成,第 1 个点是圆弧的起点,即 p30 需通过线性运动指令或关节运动指令到达该点;第 2 个点用于设定圆弧的曲率,即 p40;第 3 个点是圆弧的终点,即 p50。使用圆弧运动指令示教圆弧轨迹的操作步骤如表 2-15 所示。

表 2-15 使用圆弧运动指令示教圆弧轨迹的操作步骤

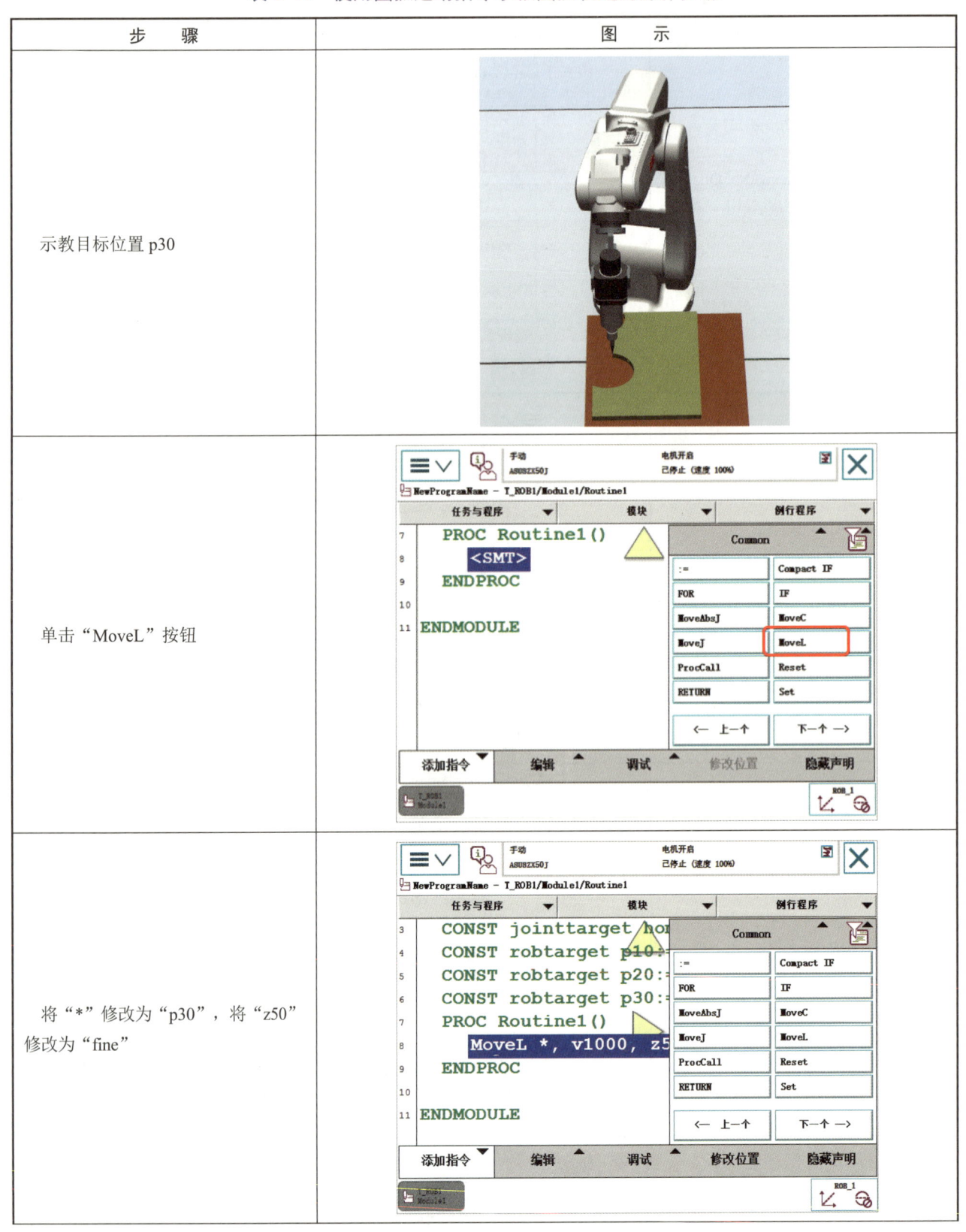

步　骤	图　示
示教目标位置 p30	
单击"MoveL"按钮	
将"*"修改为"p30"，将"z50"修改为"fine"	

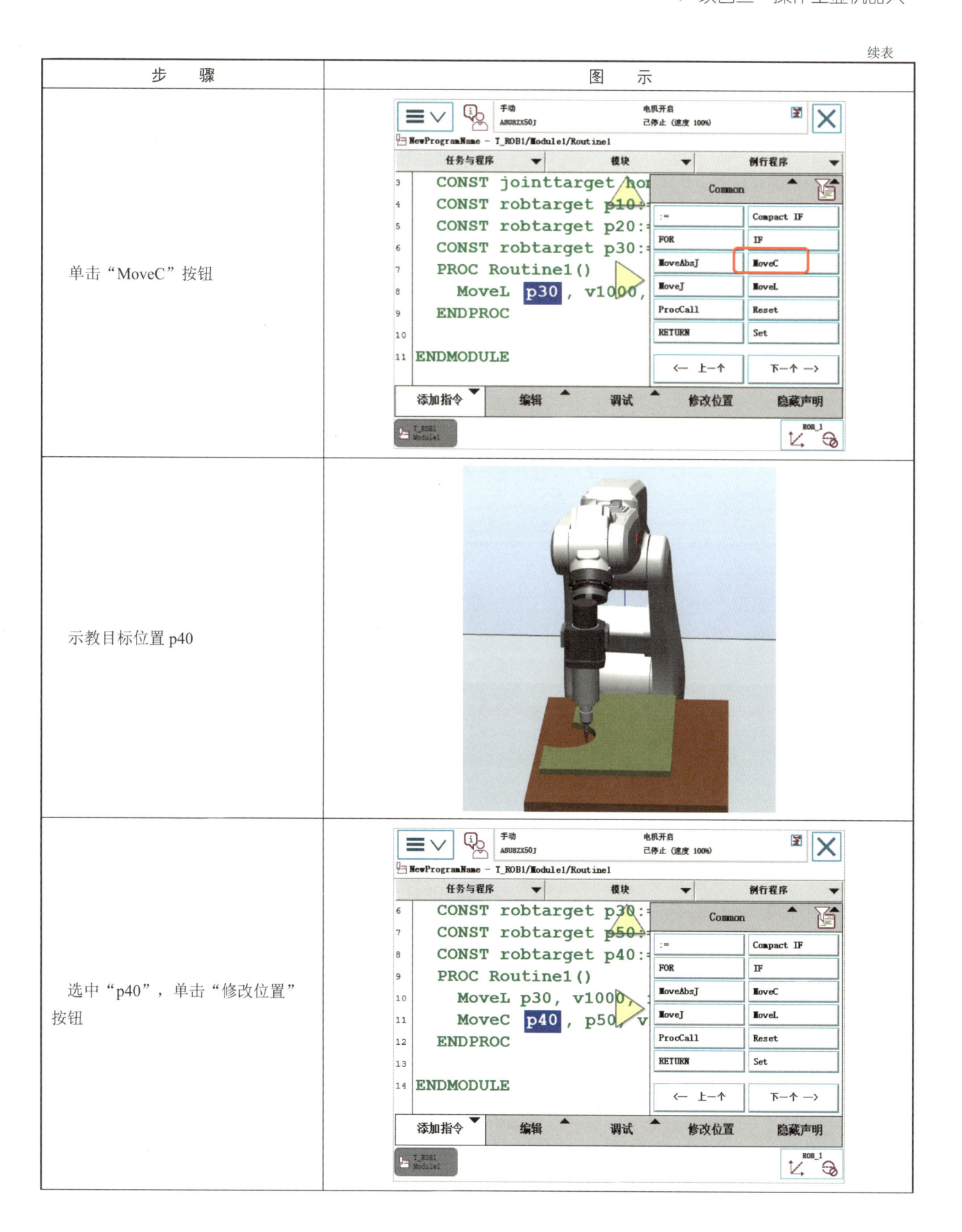

续表

步　　骤	图　　示
单击"MoveC"按钮	
示教目标位置 p40	
选中"p40",单击"修改位置"按钮	

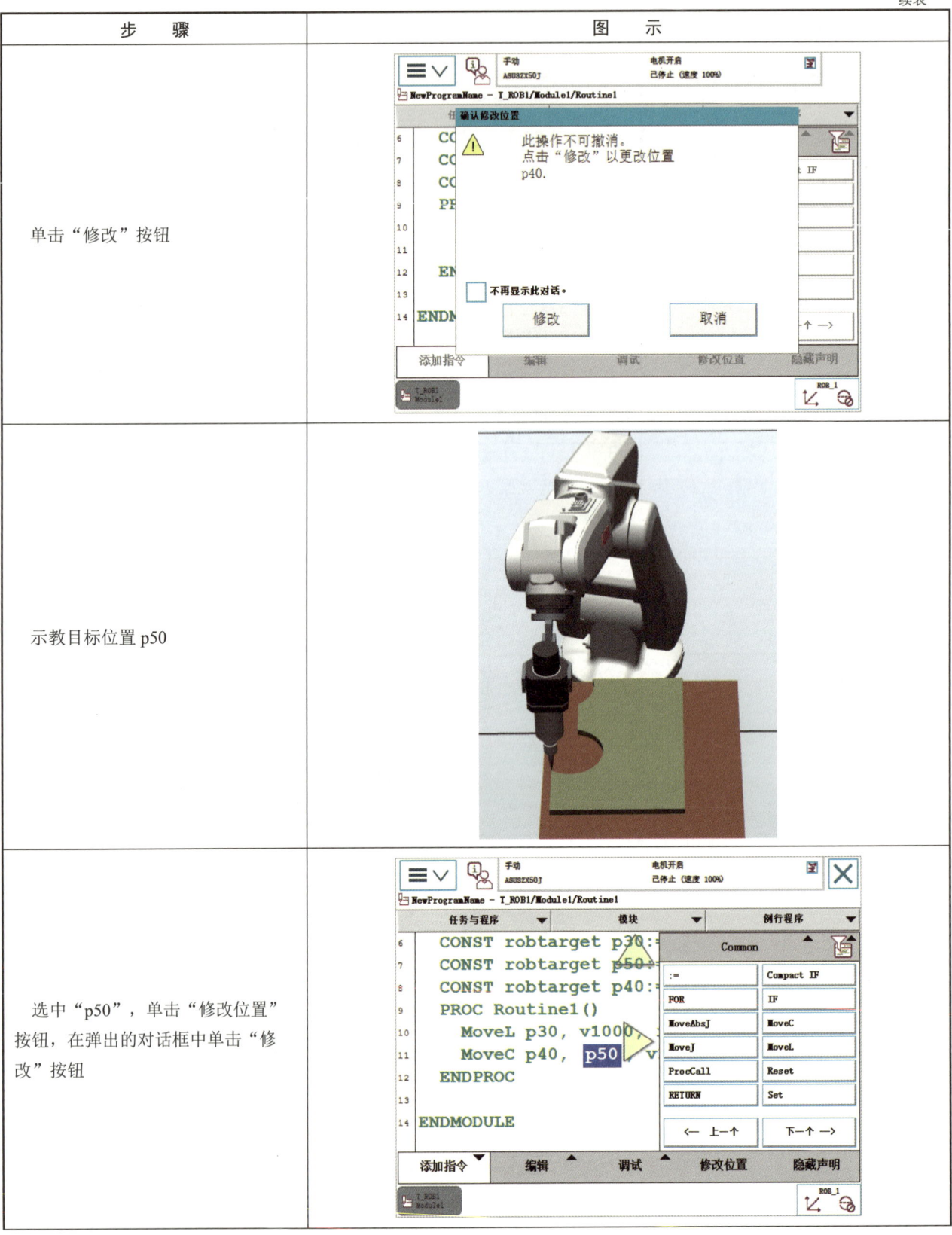

续表

步　骤	图　示
单击"修改"按钮	
示教目标位置 p50	
选中"p50"，单击"修改位置"按钮，在弹出的对话框中单击"修改"按钮	

续表

步　骤	图　示
单击"添加指令"按钮，关闭小窗口，然后将"v1000"修改为"v100"	（示教器界面图示：显示程序代码，包含 CONST robtarget p30、p50、p40，PROC Routine1()，MoveL p30, v1000, fine, tool0; MoveC p40, p50, v1000, z10, tool0; ENDPROC ENDMODULE）

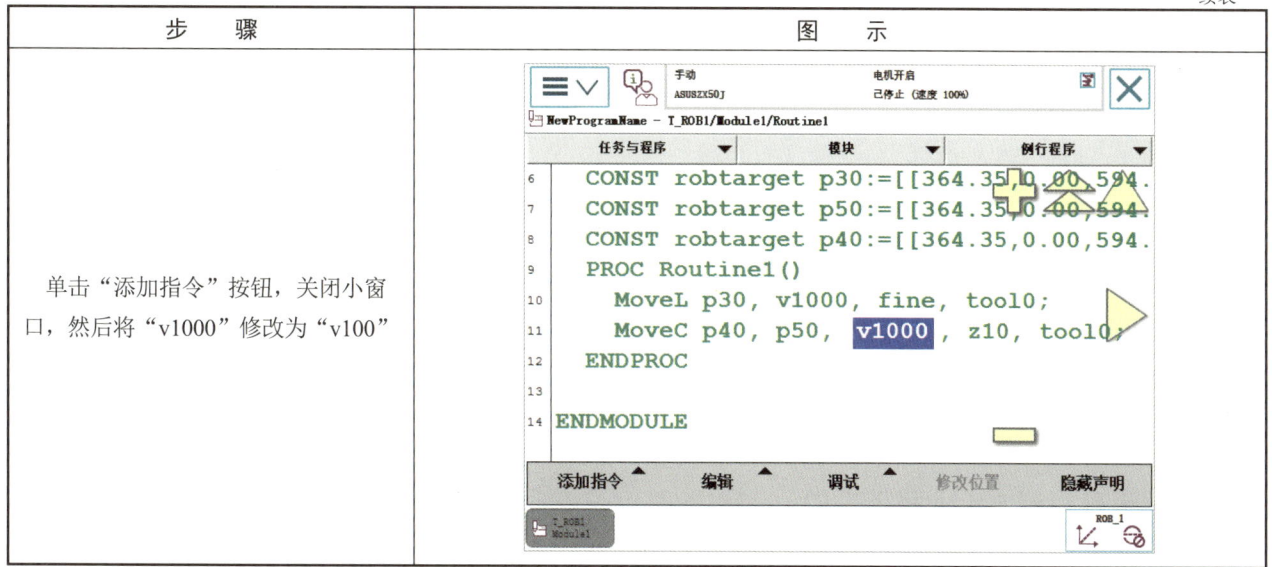

任务评价

班级：_____
小组：_____
姓名：_____

总分：_____
（总分=学生自评成绩×20%+小组互评成绩×30%+教师评价成绩×50%）
指导老师：_____　日期：_____

评价项目	评价标准	评价依据	评价方式			配分
^	^	^	学生自评（20%）	小组互评（30%）	教师评价（50%）	^
职业素养	1. 遵守企业规章制度、劳动纪律 2. 按时、按质完成工作任务 3. 积极主动承担工作任务，勤学好问 4. 注意人身安全与设备安全 5. 工作岗位"6S"的完成情况	1. 出勤 2. 工作态度 3. 劳动纪律 4. 团队协作精神				30
专业能力	1. 能正确使用运动指令使工业机器人回到机械原点 2. 能使用运动指令实现两点间的运动 3. 能正确使用圆弧运动指令示教圆弧轨迹	1. 工作页完成情况 2. 小组分工情况				50
创新能力	1. 在任务完成过程中能提出有价值的观点 2. 在教学或生产管理上提出建议，且具有创新性	1. 观点的合理性和意义 2. 建议的可行性 3. 创建正确，步骤完整				20
合　计						100

任务 2.4　ABB 工业机器人坐标系设定

任务目标

1. 能辨认工业机器人主要使用的四种坐标系。
2. 能熟练设定工具坐标系。

知识探究

2.4.1　工业机器人的坐标系

坐标系是为确定工业机器人的位置和姿态而在工业机器人或空间上进行的位置指标系统。对工业机器人进行示教或操作是在不同坐标系下进行的，即工业机器人的运动就是各种坐标系下的运动。目前，大部分工业机器人系统主要使用关节坐标系（JOINT）、直角坐标系（WORLD）、工具坐标系（TOOL）和用户坐标系（USER），而工具坐标系和用户坐标系同属于直角坐标系范畴。可以通过示教器上的"COORD"按钮选择合适的坐标系。

1. 关节坐标系

在关节坐标系下，工业机器人各轴均可实现单独正向或反向运动。各坐标系轴动作示意图如图 2-16 所示。

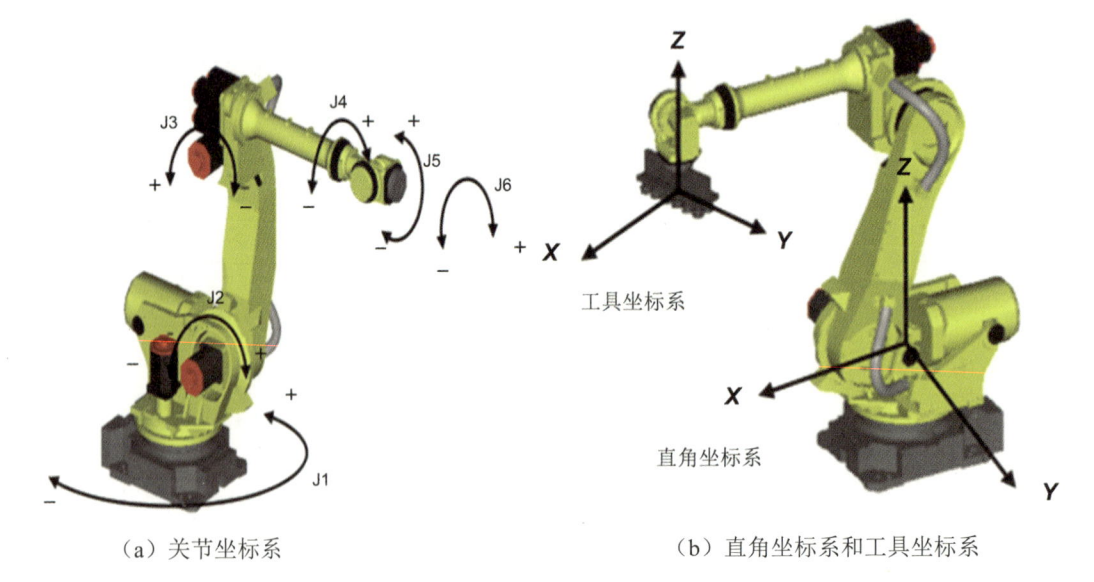

（a）关节坐标系　　　　　　　（b）直角坐标系和工具坐标系

图 2-16　各坐标系轴动作示意图

2. 直角坐标系

直角坐标系又称大地坐标系，其原点定义在工业机器人安装面与第一转动轴的交点处，X

轴向前，Z 轴向上，Y 轴按右手法则确定，如图 2-16（b）所示。

3. 工具坐标系

工具坐标系的原点定义在 TCP 上，并且假定工具的有效方向为 X 轴，而 Y 轴、Z 轴由右手法则确定。在进行相对于工件不改变工具姿态的平移操作时，选用该坐标系最为适宜。TCP 为工具中心点，出厂时默认位于最后一个运动轴或安装法兰的中心，安装工具后将发生变化。为实现精确运动控制，当换装工具或发生工具碰撞时，都需要进行 TCP 标定。在该坐标系下，TCP 将沿工具坐标的 X、Y、Z 轴方向运动。值得关注的是，工具坐标系需要在编程前进行定义，且用户最多可定义 10 个工具坐标系。如果未定义工具坐标系，那么将由机械接口（机械手腕法兰盘）坐标系代替工具坐标系。

4. 用户坐标系

用户可根据需要定义用户坐标系。当机器人配备多个工作台时，选择用户坐标系可使操作更为简单。在用户坐标系中，TCP 将沿用户自定义的坐标轴方向运动。

2.4.2　工业机器人工具坐标系设定

1. 设定工具坐标系的作用

当工业机器人夹具被更换，重新定义 TCP 后，可以不更改程序，直接运行。安装新夹具后必须重新定义工具坐标系，否则会影响工业机器人的稳定运行。

2. 工具坐标系定义原理

（1）在工业机器人工作空间内找一个精确尖锐的固定点作为参考点。

（2）确定工具上的参考点。

（3）手动操纵工业机器人，至少用 4 种不同的工具姿态，使工业机器人工具上的参考点尽可能与固定点刚好接触。

（4）通过 4 个位置点的位置数据，工业机器人可以自动计算出 TCP 的位置，并将 TCP 的位姿数据保存在 tooldata 程序数据中被程序调用。

3. 工具坐标系常用定义方法

工具坐标系常用的定义方法有 3 种：TCP（默认方向），TCP 和 Z 轴方向，TCP 和 Z、X 轴方向，如图 2-17 所示。

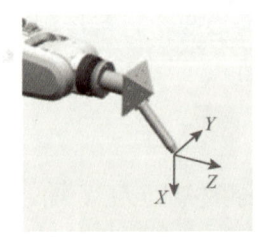

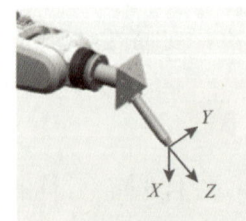

（a）TCP（默认方向）　　（b）TCP 和 Z 轴方向　　（c）TCP 和 Z、X 轴方向

图 2-17　工具坐标系常用的定义方法

3 种定义方法的区别如表 2-16 所示。

表 2-16　3 种定义方法的区别

定 义 方 法	原　点	坐标系方向	主 要 场 合
TCP（默认方向）	变化	不变	工具坐标方向与 tool 方向一致
TCP 和 Z 轴方向	变化	Z 轴方向改变	工具坐标系的 Z 轴方向与 tool 的 Z 轴方向不一致时使用
TCP 和 Z、X 轴方向	变化	Z 轴和 X 轴方向改变	工具坐标系方向需要更改 Z 轴和 X 轴方向时使用

任务实践

学生工作页

班级：_____　小组：_____　组长：_____　日期：_____

学生姓名：_____　指导教师：_____　成绩：_____（完成或没完成）

书写要求

（1）务必用签字笔书写，保证工作页整洁清晰。

（2）字迹工整，按框格书写，不要超出答题区域。

设定工具数据（包括工具坐标系），如表 2-17 所示。

表 2-17　设定工具数据

步　　骤	图　　示
进入工具坐标系界面	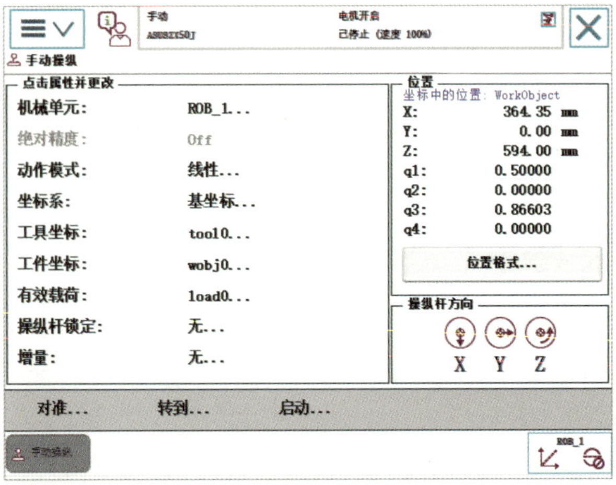

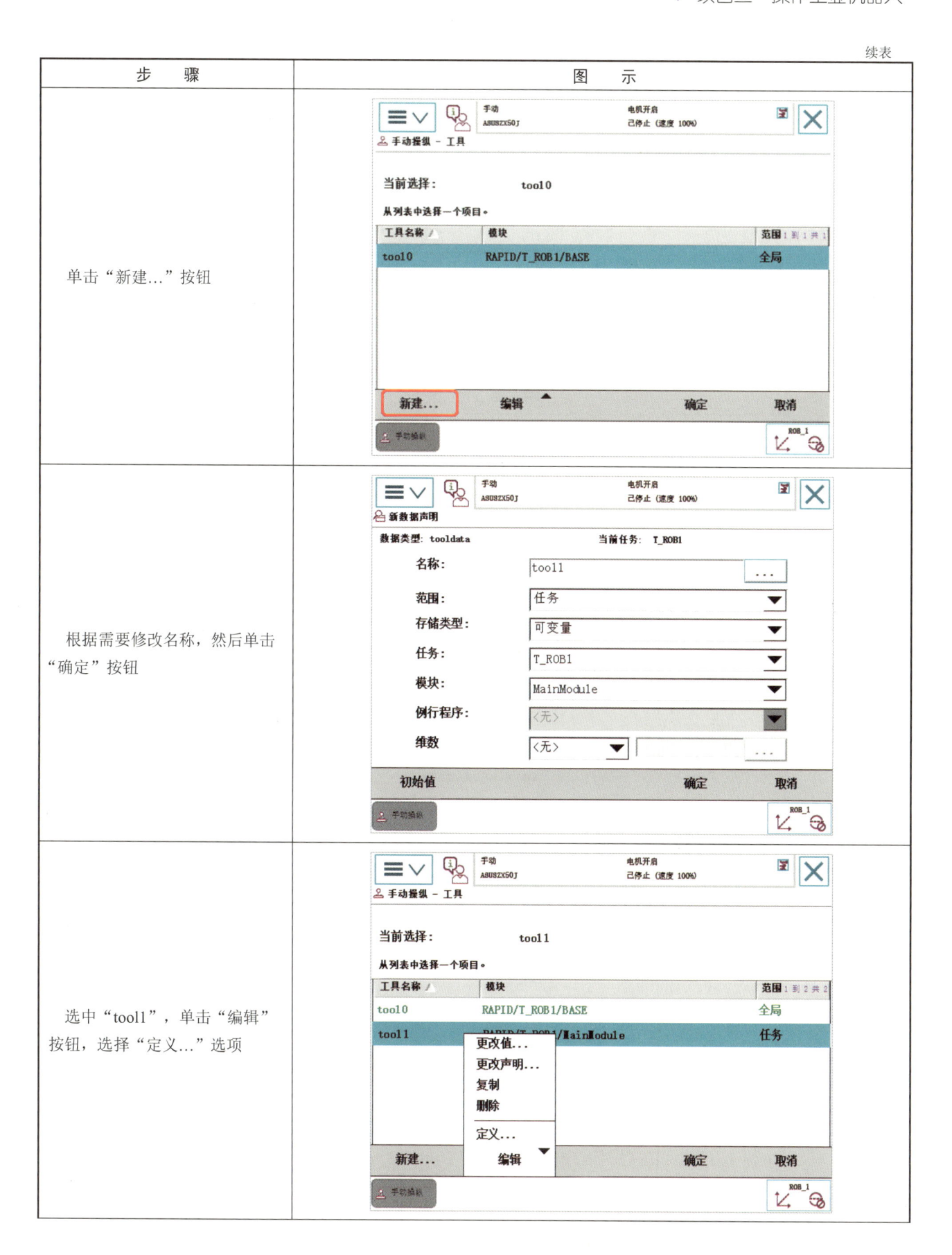

续表

步 骤	图 示
单击"新建…"按钮	
根据需要修改名称,然后单击"确定"按钮	
选中"tool1",单击"编辑"按钮,选择"定义…"选项	

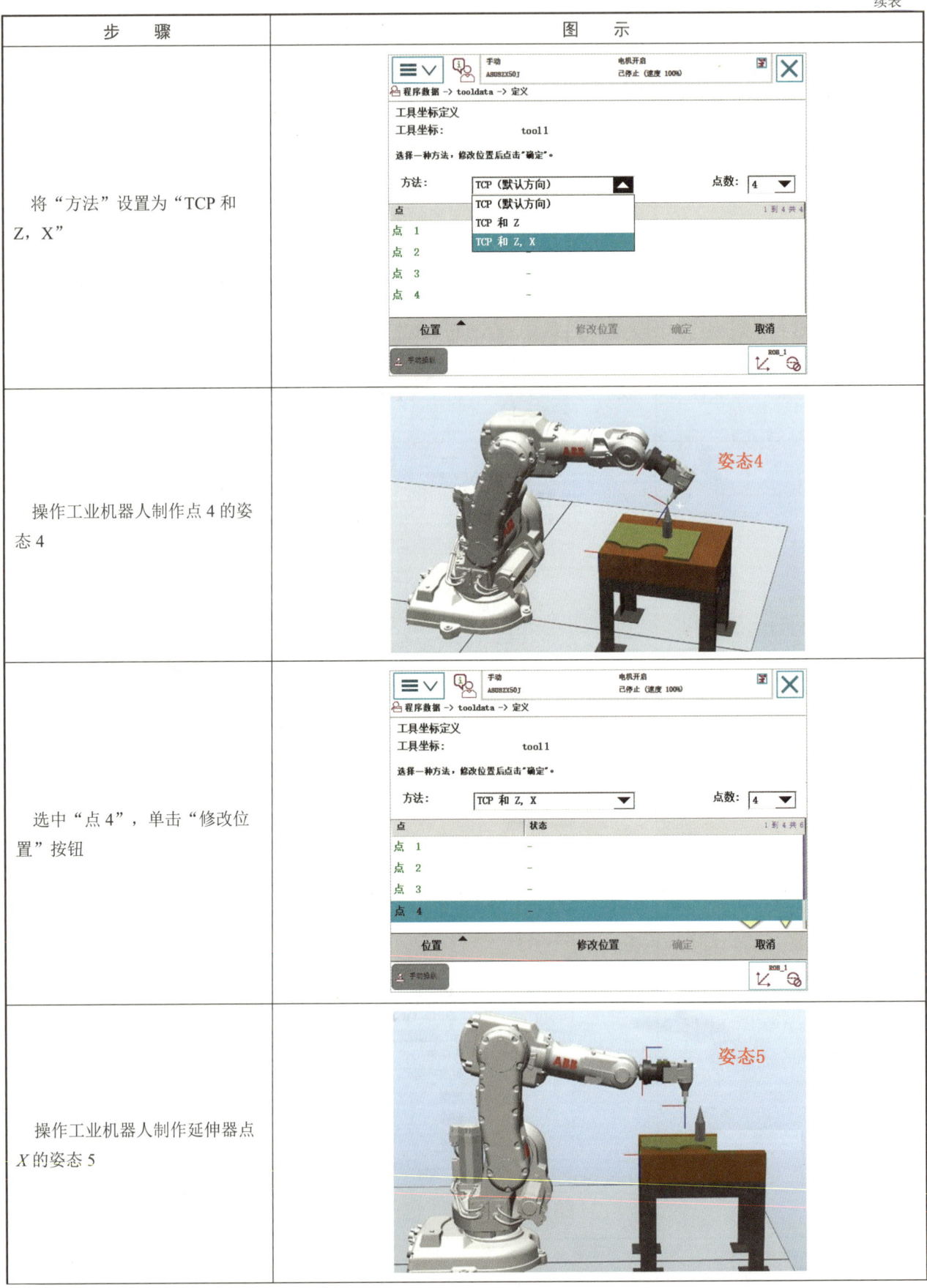

续表

步　　骤	图　　示
将"方法"设置为"TCP 和 Z，X"	
操作工业机器人制作点 4 的姿态 4	
选中"点 4"，单击"修改位置"按钮	
操作工业机器人制作延伸器点 X 的姿态 5	

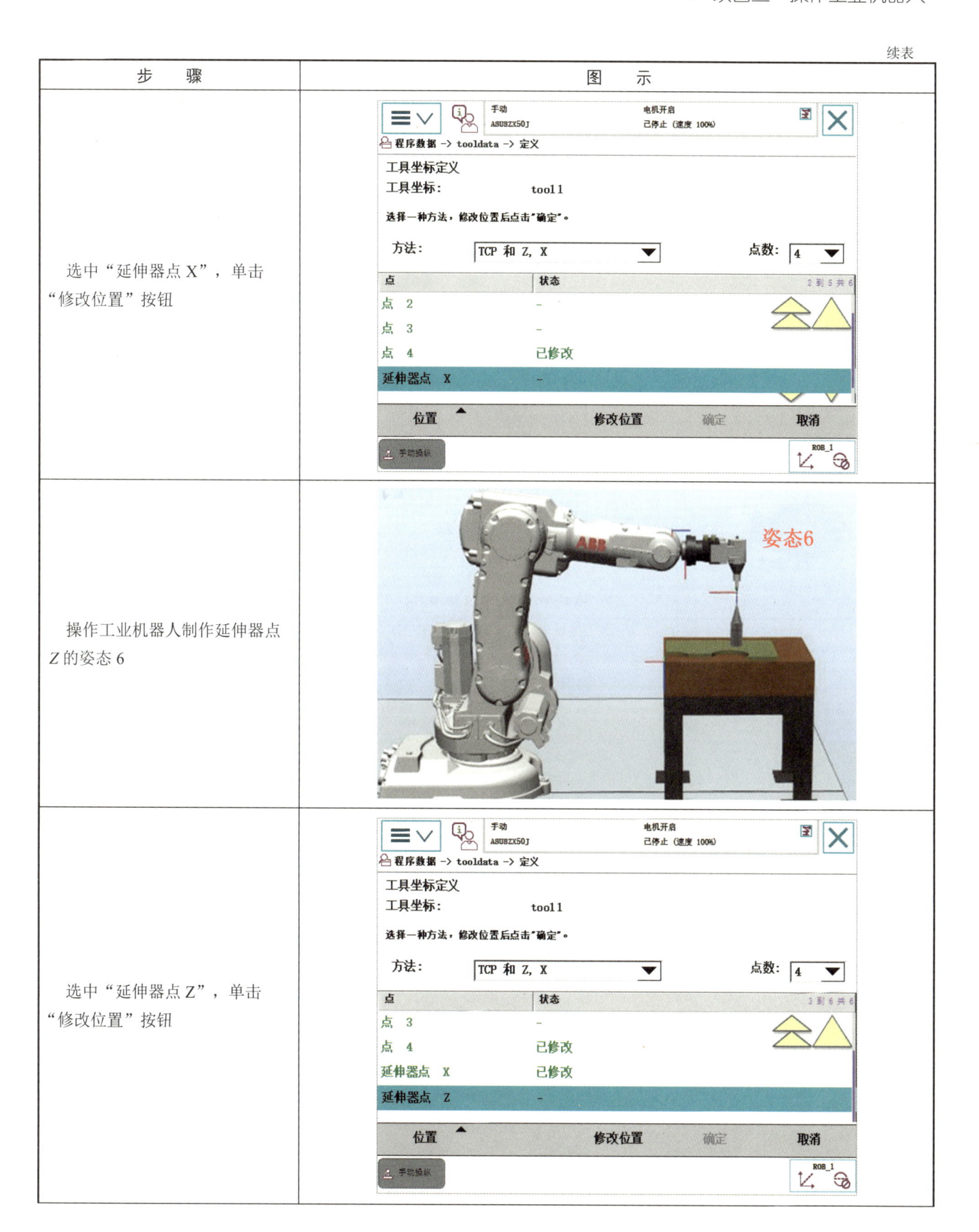

续表

步　　骤	图　　示
选中"延伸器点 X",单击"修改位置"按钮	
操作工业机器人制作延伸器点 Z 的姿态 6	
选中"延伸器点 Z",单击"修改位置"按钮	

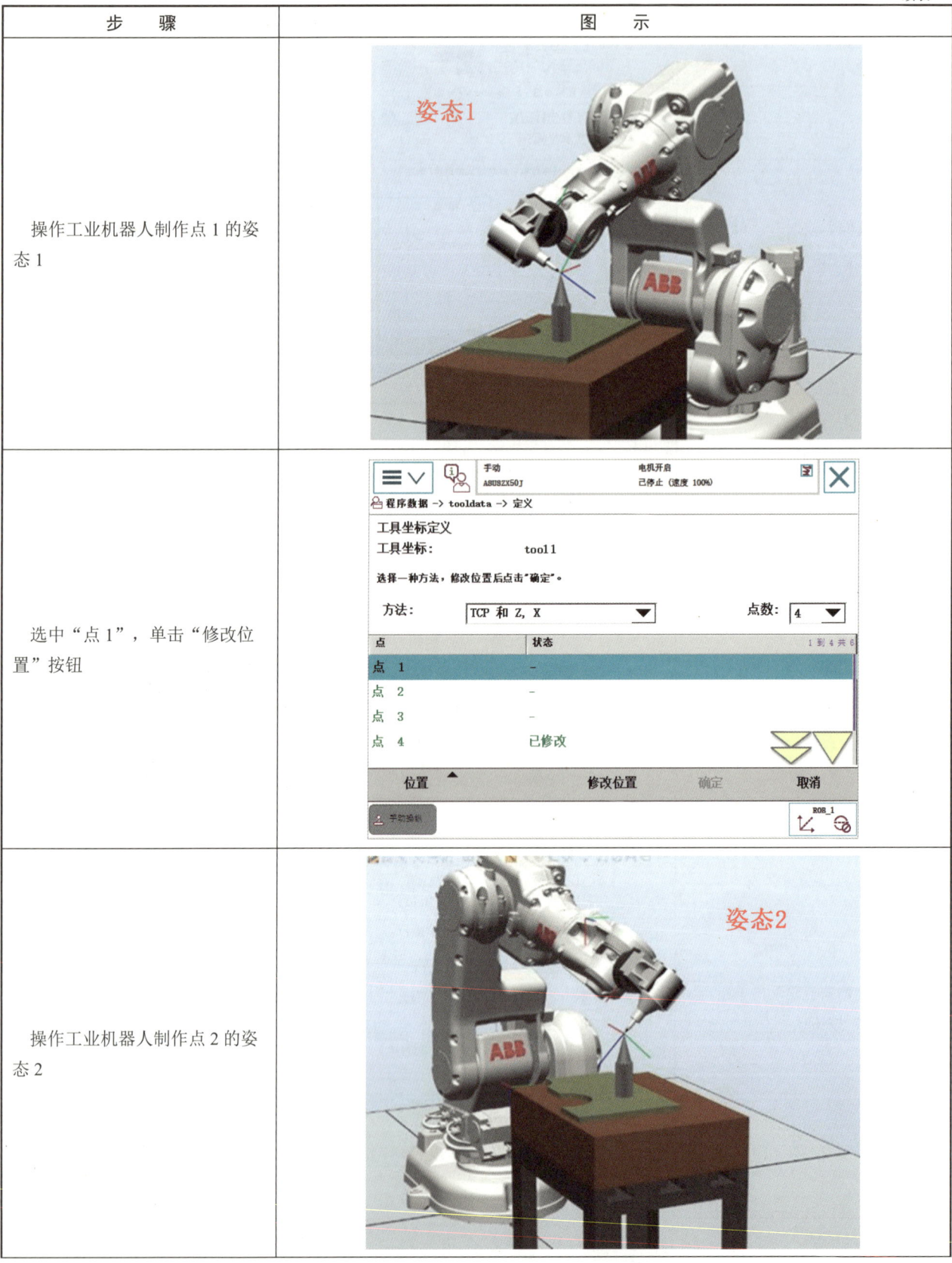

续表

步　骤	图　示
操作工业机器人制作点 1 的姿态 1	姿态1
选中"点 1",单击"修改位置"按钮	
操作工业机器人制作点 2 的姿态 2	姿态2

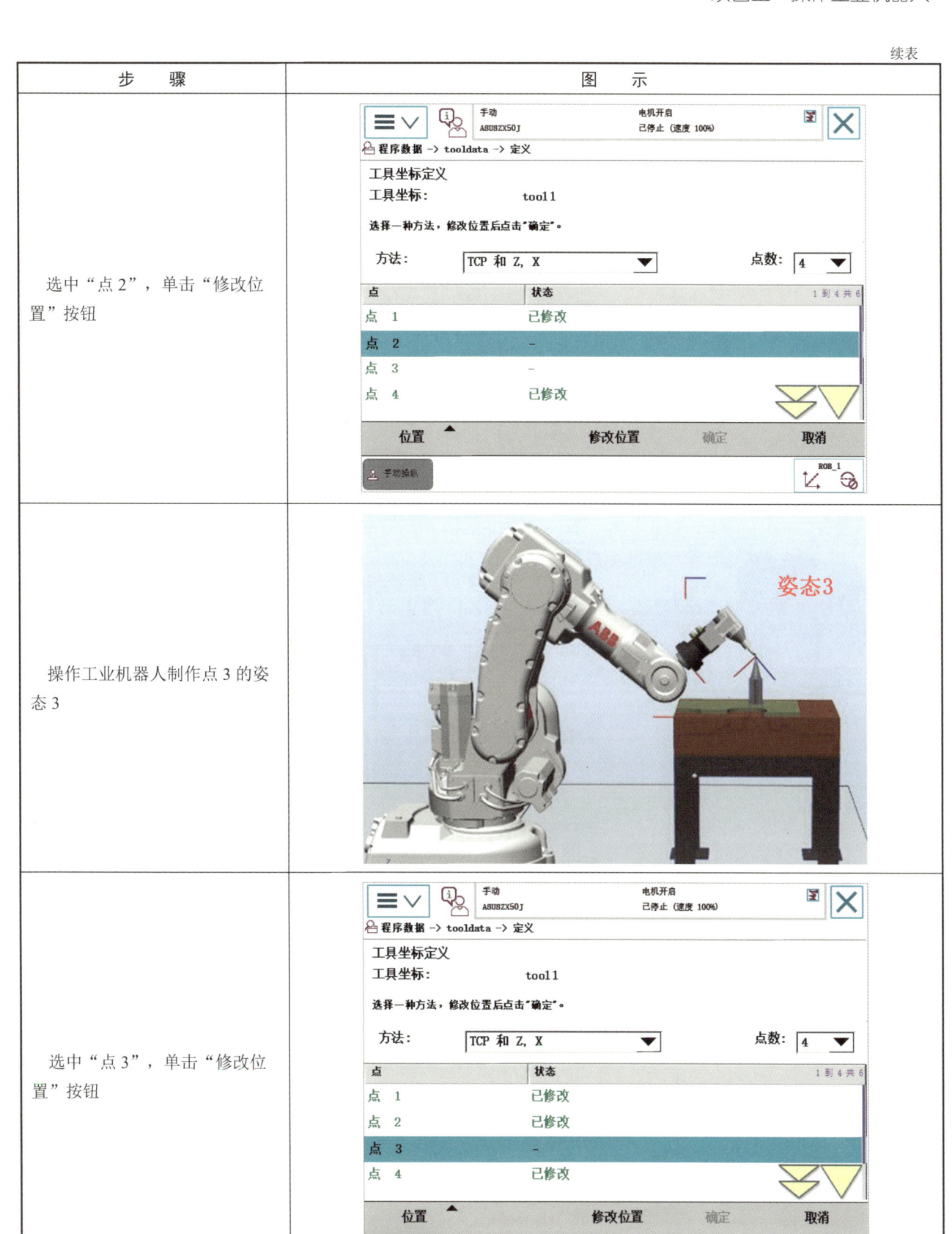

续表

步　　骤	图　　示
选中"点2"，单击"修改位置"按钮	（工具坐标定义界面，tool1，方法：TCP 和 Z, X，点数：4；点1 已修改，点2 —，点3 —，点4 已修改）
操作工业机器人制作点3的姿态3	（工业机器人姿态3示意图）
选中"点3"，单击"修改位置"按钮	（工具坐标定义界面，tool1，方法：TCP 和 Z, X，点数：4；点1 已修改，点2 已修改，点3 —，点4 已修改）

◇ 项目二　操作工业机器人

| 67

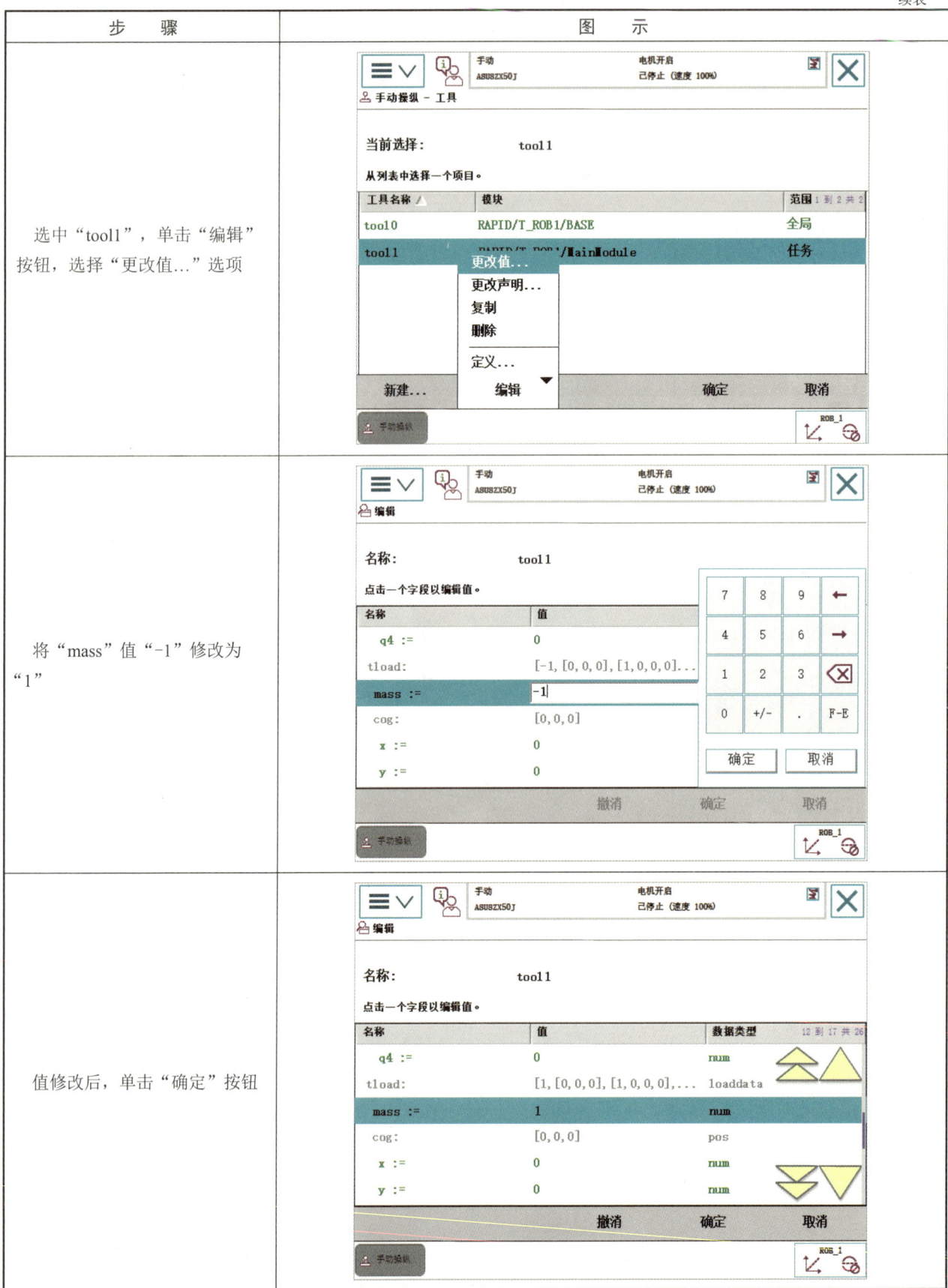

续表

步　　骤	图　　示
选中"tool1",单击"编辑"按钮,选择"更改值…"选项	
将"mass"值"-1"修改为"1"	
值修改后,单击"确定"按钮	

续表

步骤	图示
单击"确定"按钮	(界面截图：手动操纵 - 工具，当前选择 tool1，列表中显示 tool0 - RAPID/T_ROB1/BASE 全局，tool1 - RAPID/T_ROB1/MainModule 任务)

任务评价

班级：_____
小组：_____
姓名：_____

总分：_____
（总分=学生自评成绩×20%+小组互评成绩×30%+教师评价成绩×50%）
指导老师：_____ 日期：_____

评价项目	评价标准	评价依据	学生自评（20%）	小组互评（30%）	教师评价（50%）	配分
职业素养	1. 遵守企业规章制度、劳动纪律 2. 按时、按质完成工作任务 3. 积极主动承担工作任务，勤学好问 4. 注意人身安全与设备安全 5. 工作岗位"6S"的完成情况	1. 出勤 2. 工作态度 3. 劳动纪律 4. 团队协作精神				30
专业能力	能正确设定工具坐标系	1. 工作页完成情况 2. 小组分工情况				50
创新能力	1. 在任务完成过程中能提出有价值的观点 2. 在教学或生产管理上提出建议，且具有创新性	1. 观点的合理性和意义 2. 建议的可行性 3. 创建正确，步骤完整				20
合 计						100

项目总结

操作工业机器人
- ABB工业机器人示教器的环境配置
  - 认识示教器
  - 使用示教器
  - 查看工业机器人的常用信息和事件日志
- ABB工业机器人转数计数器更新
  - 工业机器人的关节轴
  - 工业机器人的机械原点
- ABB工业机器人基本指令训练
  - RAPID编程语言
  - 工业机器人的运动指令
- ABB工业机器人坐标系设定
  - 工业机器人的坐标系
  - 工业机器人工具坐标系设定

项目三

应用工业机器人

项目导入

在自动化生产领域中，工业机器人是一种非常重要的设备，它可以进行重复、烦琐、危险或高精度的工作，让传统的劳动力解放出来，以学习更具有创新性的工作。在生产线上，工业机器人可以自主地进行零件装配、检测和包装等任务，提高了企业的生产效率。此外，工业机器人的可编程性和高精度控制技术，使其能够快速适应不断变化的生产需求，实现批量或小批量生产的快速转换。在本项目中，我们将学习工业机器人涂胶、搬运、码垛的工作过程，分析工艺流程，编写并调试典型任务程序。

项目实施

任务 3.1　工业机器人涂胶

任务目标

1. 了解涂胶工业机器人的应用及功能。
2. 熟悉工业机器人涂胶的工作过程。
3. 熟悉速度控制指令。
4. 能正确编写并调试涂胶程序。

扫码看视频

知识探究

3.1.1　涂胶工业机器人

在工业生产中，涂胶是一种将胶浆均匀地涂覆到织物、纸或者皮革表面上的工艺。如在汽车制造工厂中，前、后车窗玻璃需要涂胶，整车装配品质由涂胶质量和装配质量共同决定，涂胶质量不仅影响整车的降噪、防水品质，还直接影响用户对整车的感觉，所以越来越多的总装车间采用工业机器人完成涂胶及装配工作。

设置工业机器人玻璃涂胶安装工作站，能提高生产工艺的自动化程度，较传统的人工玻璃安装工艺至少可以提高 20%的生产效率，降低工人的劳动强度，提高涂胶及装配质量，还可以节约 10%的原料，能够保证胶形控制精度为±0.5mm，安装精度为 0.8mm，保证了车窗玻璃装配质量的稳定性。

3.1.2　工业机器人涂胶工作过程

工作站中的涂胶单元使用工业机器人对产品装配前的涂胶工艺进行功能模拟，利用工业机器人抓持涂胶工具，使笔尖能够沿着涂胶单元平面轨迹板上的固定轨迹进行移动。常见的固定轨迹如图 3-1 所示。

图 3-1　常见的固定轨迹

工业机器人接收到涂胶信号后，运动到涂胶起始位置点，胶枪打开，沿着图中的轨迹（1—2—3—4—5）涂胶，然后完成涂胶实训，最后回到机械原点。涂胶轨迹规划如图 3-2 所示。

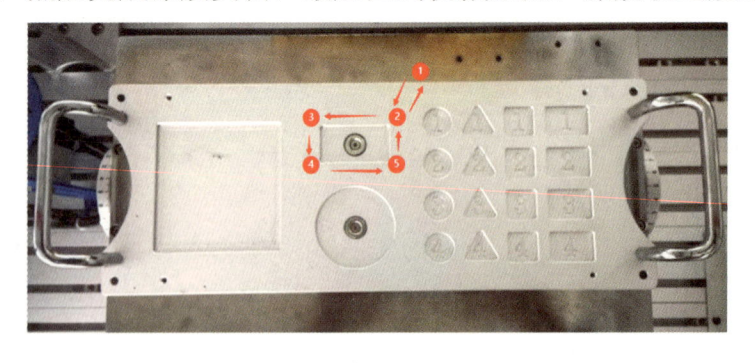

图 3-2　涂胶轨迹规划

3.1.3　速度控制指令

1. 加速设置指令 AccSet

指令格式（举例）：AccSet 100，100（见图 3-3）。

（a）AccSet 100，100　　　（b）AccSet 30，100　　　（c）AccSet 100，30

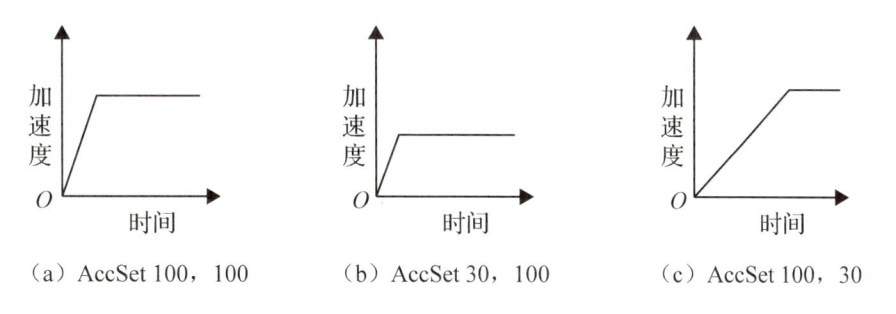

图 3-3　加速设置指令示意图

加速设置指令参数说明如表 3-1 所示。

表 3-1　加速设置指令参数说明

参　数	含　义
参数 1	加速最大百分比
参数 2	加速度坡度值

2. 速度设置指令 VelSet

指令格式（举例）：VelSet 100，1000。

速度设置指令参数说明如表 3-2 所示。

表 3-2　速度设置指令参数说明

参　数	含　义
参数 1	速度百分比，其针对的是各个运动指令中的速度数据
参数 2	线速度最高值，即工业机器人运转最高速度不能超过 1000mm/s

说明：此条指令运行后，工业机器人所有的运动指令均受其影响，直至下一条 VelSet 指令，例如，示教器端工业机器人的运行速度百分比为 50%，VelSet 指令设置的百分比为 50%，则工业机器人的实际运动速度为两者的叠加，即 25%。另外，在运动过程中一味地增大、减小速度有时并不能明显改变工业机器人的运行速度，因为工业机器人在运动过程中涉及加/减速。

任务实践

学生工作页

班级：_____　小组：_____　组长：_____　日期：_____

学生姓名：_____　指导教师：_____　成绩：_____（完成或没完成）

书写要求

（1）务必用签字笔书写，保证工作页整洁清晰。

（2）字迹工整，按框格书写，不要超出答题区域。

1. 示教涂胶工具位置。

在安装涂胶工具之前，需要示教涂胶工具的位置，记录在位置数据"tj"中，操作步骤如表 3-3 所示。

表 3-3　示教涂胶工具位置的操作步骤

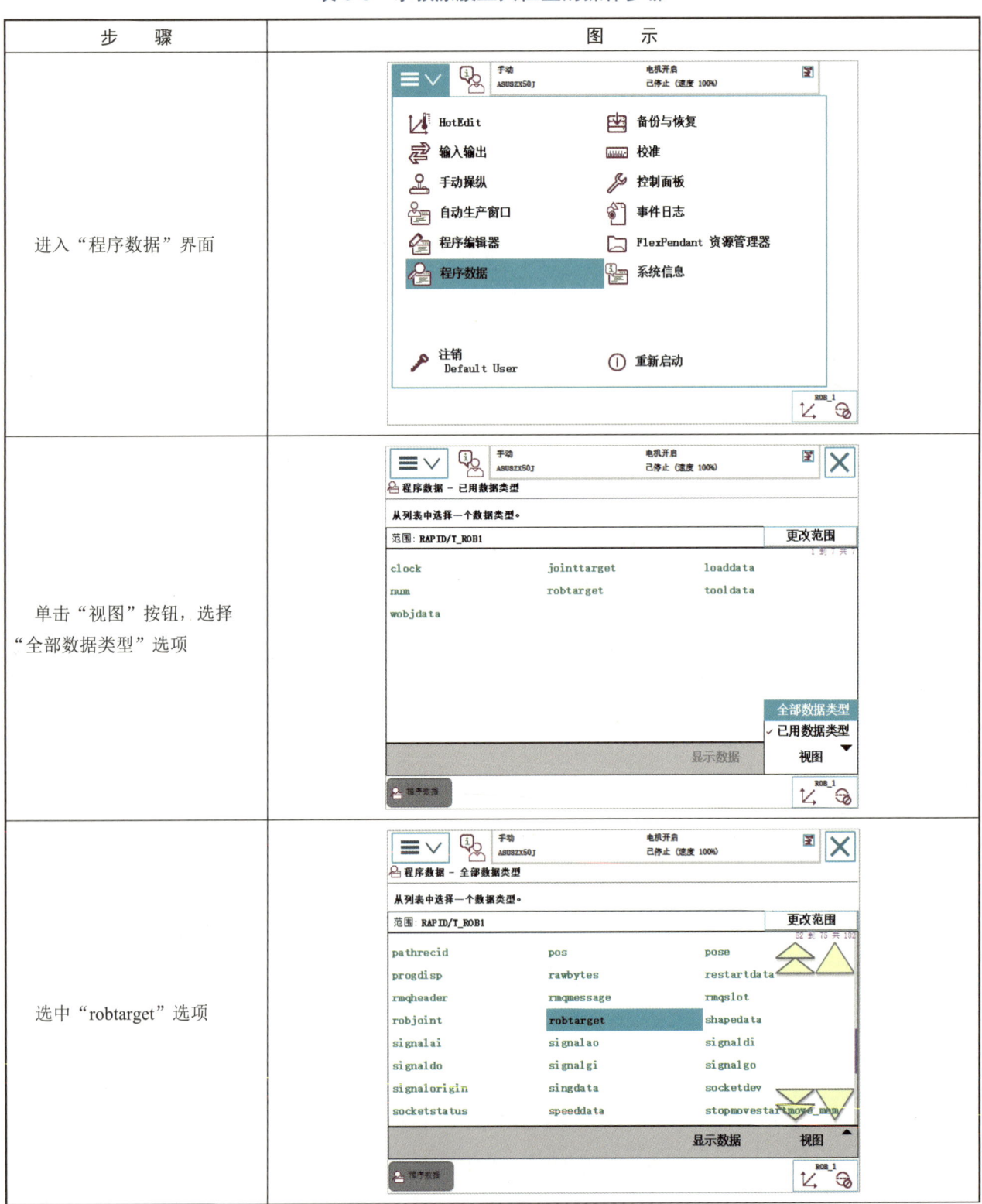

步　　骤	图　　示
进入"程序数据"界面	
单击"视图"按钮，选择"全部数据类型"选项	
选中"robtarget"选项	

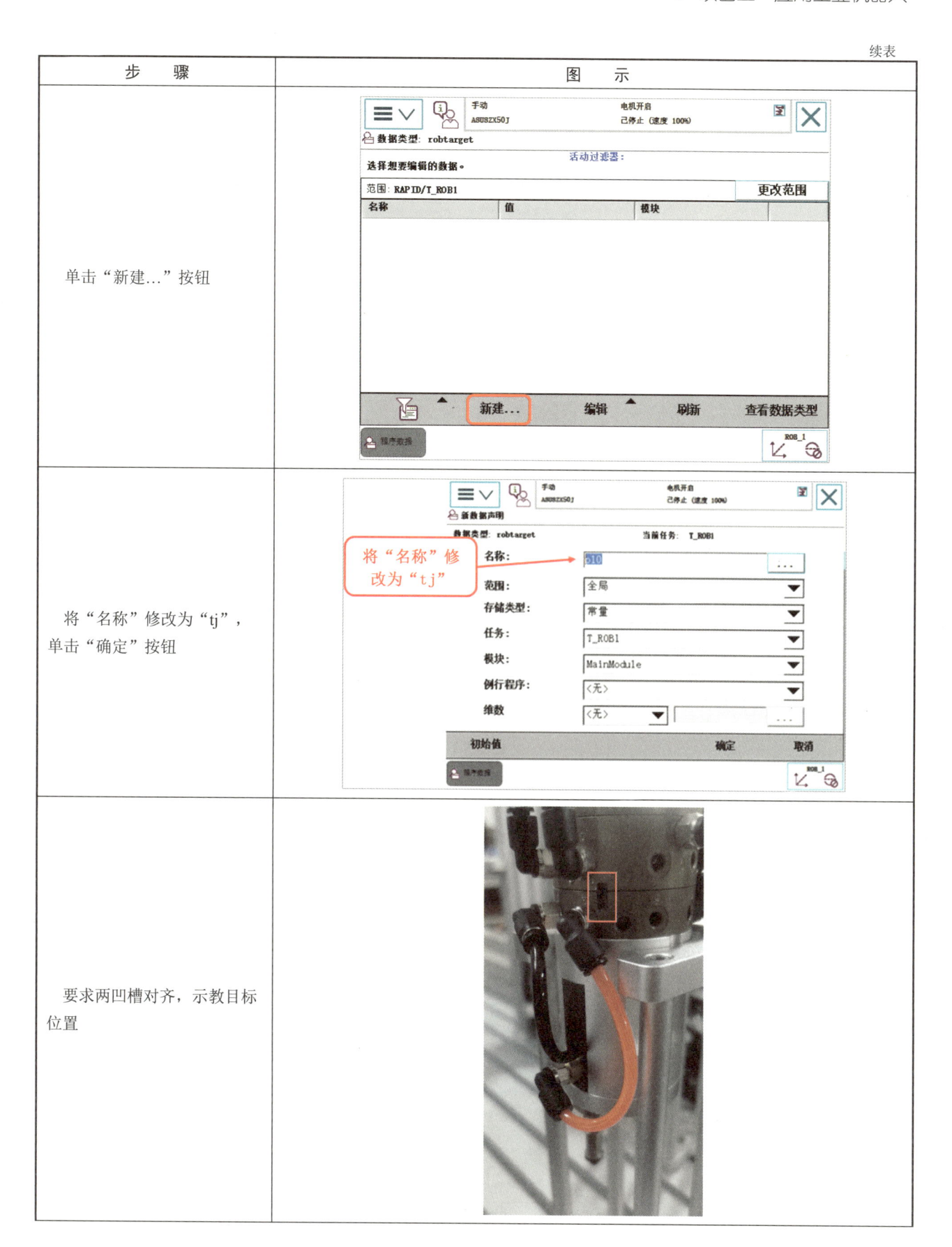

◇ 项目三　应用工业机器人

续表

步　　骤	图　　示
单击"新建…"按钮	
将"名称"修改为"tj"，单击"确定"按钮	（将"名称"修改为"tj"）
要求两凹槽对齐，示教目标位置	

续表

步　　骤	图　　示
单击"编辑"按钮，选择"修改位置"选项	

2. 编写涂胶程序，其操作步骤如表 3-4 所示。

表 3-4　编写涂胶程序的操作步骤

步　　骤	图　　示
首先建立一个主程序"main"，然后单击"确定"按钮	
建立相关例行程序、例行程序的功能	

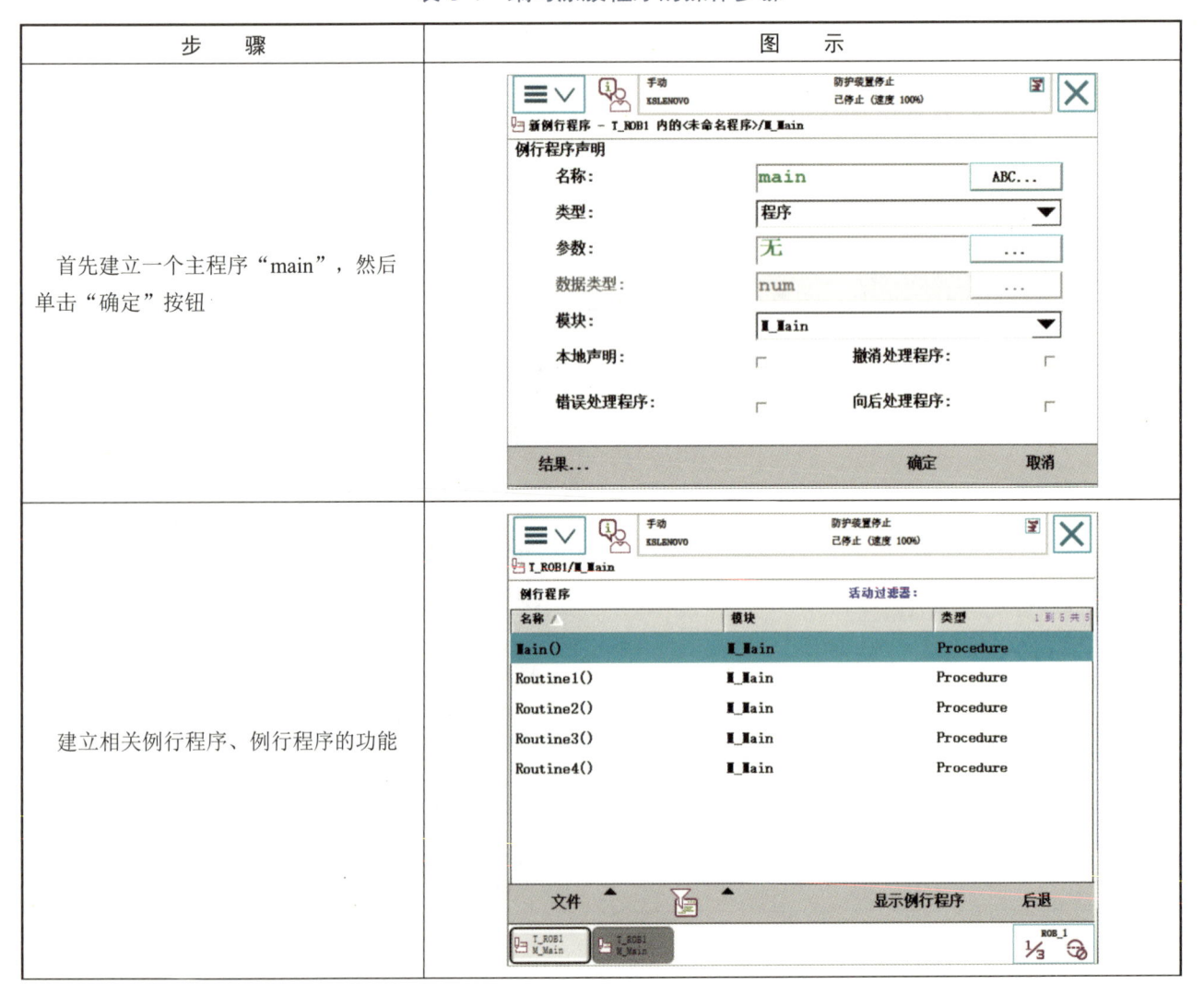

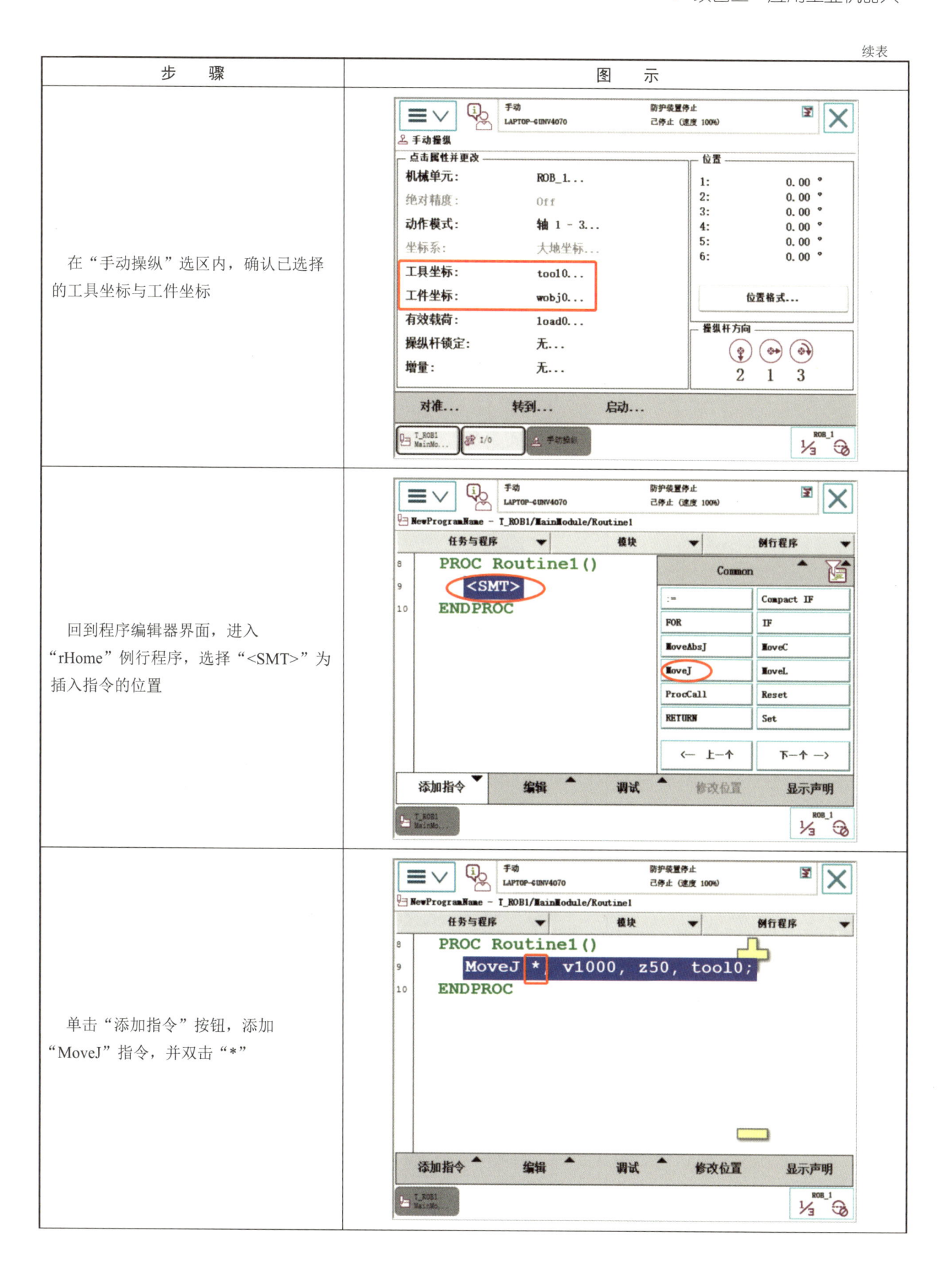

◇ 项目三　应用工业机器人

续表

步　　骤	图　　示
在"手动操纵"选区内，确认已选择的工具坐标与工件坐标	
回到程序编辑器界面，进入"rHome"例行程序，选择"<SMT>"为插入指令的位置	
单击"添加指令"按钮，添加"MoveJ"指令，并双击"*"	

| 77

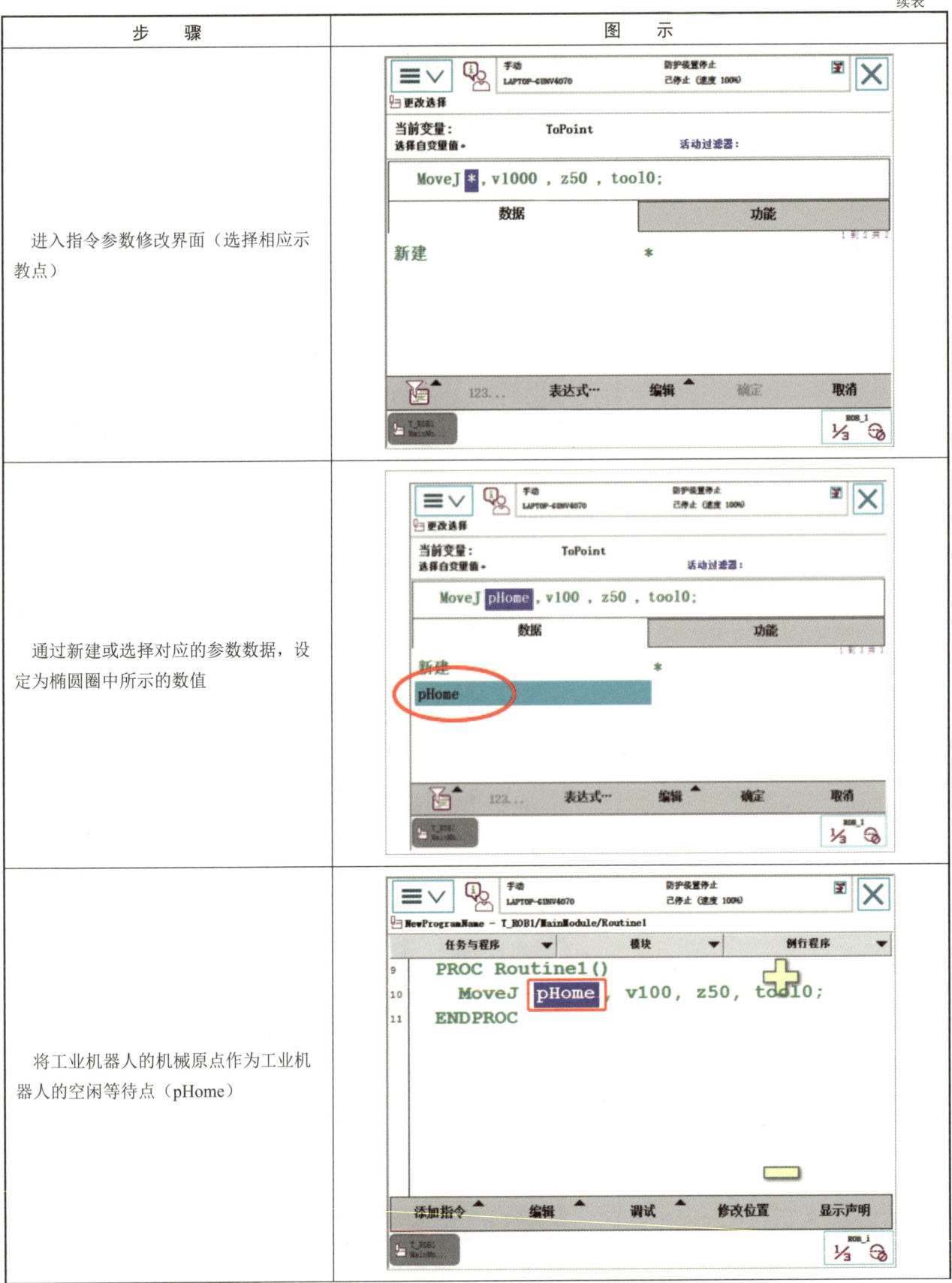

续表

步　骤	图　示
进入指令参数修改界面（选择相应示教点）	
通过新建或选择对应的参数数据，设定为椭圆圈中所示的数值	
将工业机器人的机械原点作为工业机器人的空闲等待点（pHome）	

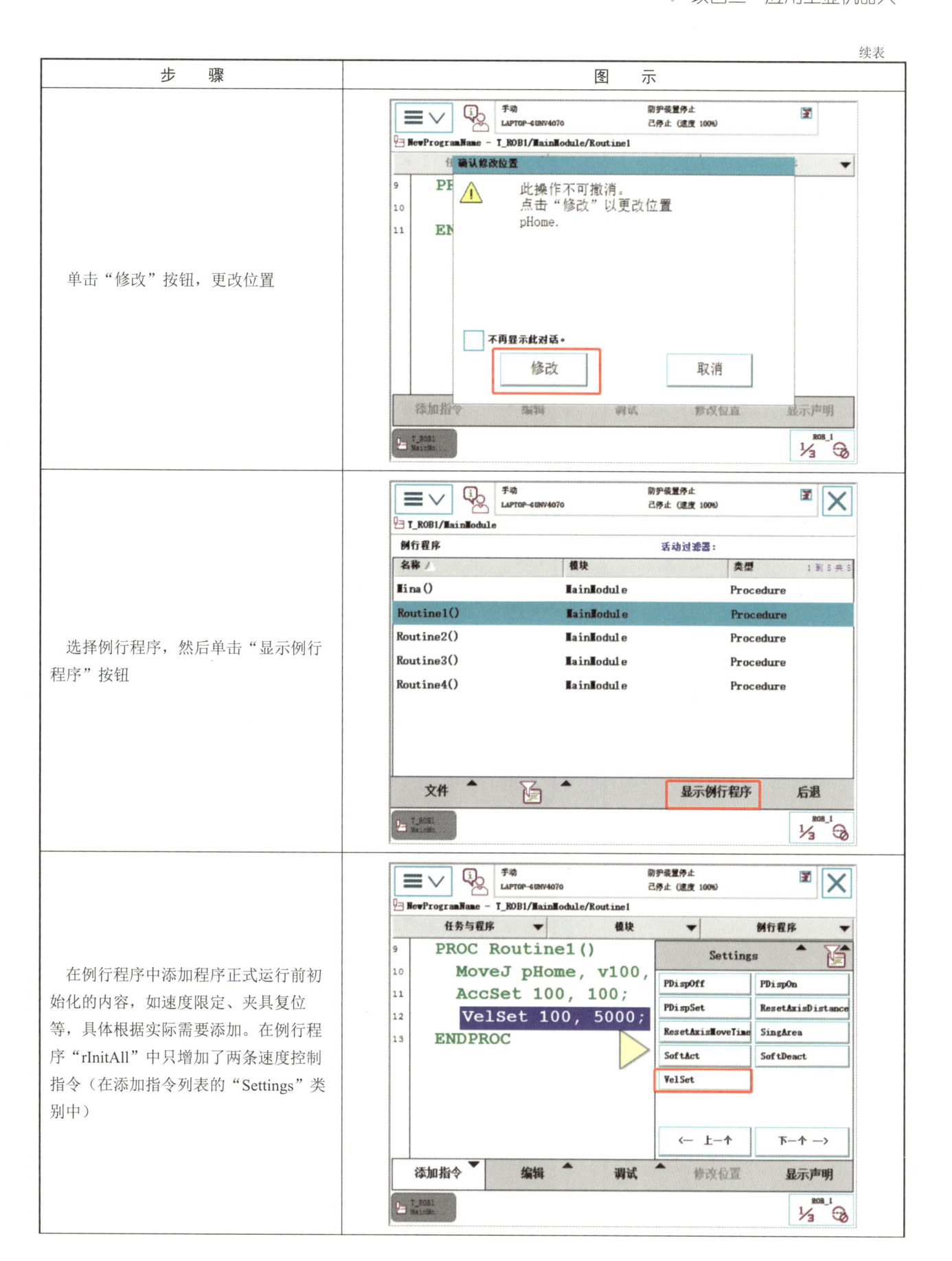

◇ 项目三　应用工业机器人

续表

步　　骤	图　　示
单击"修改"按钮，更改位置	
选择例行程序，然后单击"显示例行程序"按钮	
在例行程序中添加程序正式运行前初始化的内容，如速度限定、夹具复位等，具体根据实际需要添加。在例行程序"rInitAll"中只增加了两条速度控制指令（在添加指令列表的"Settings"类别中）	

| 79

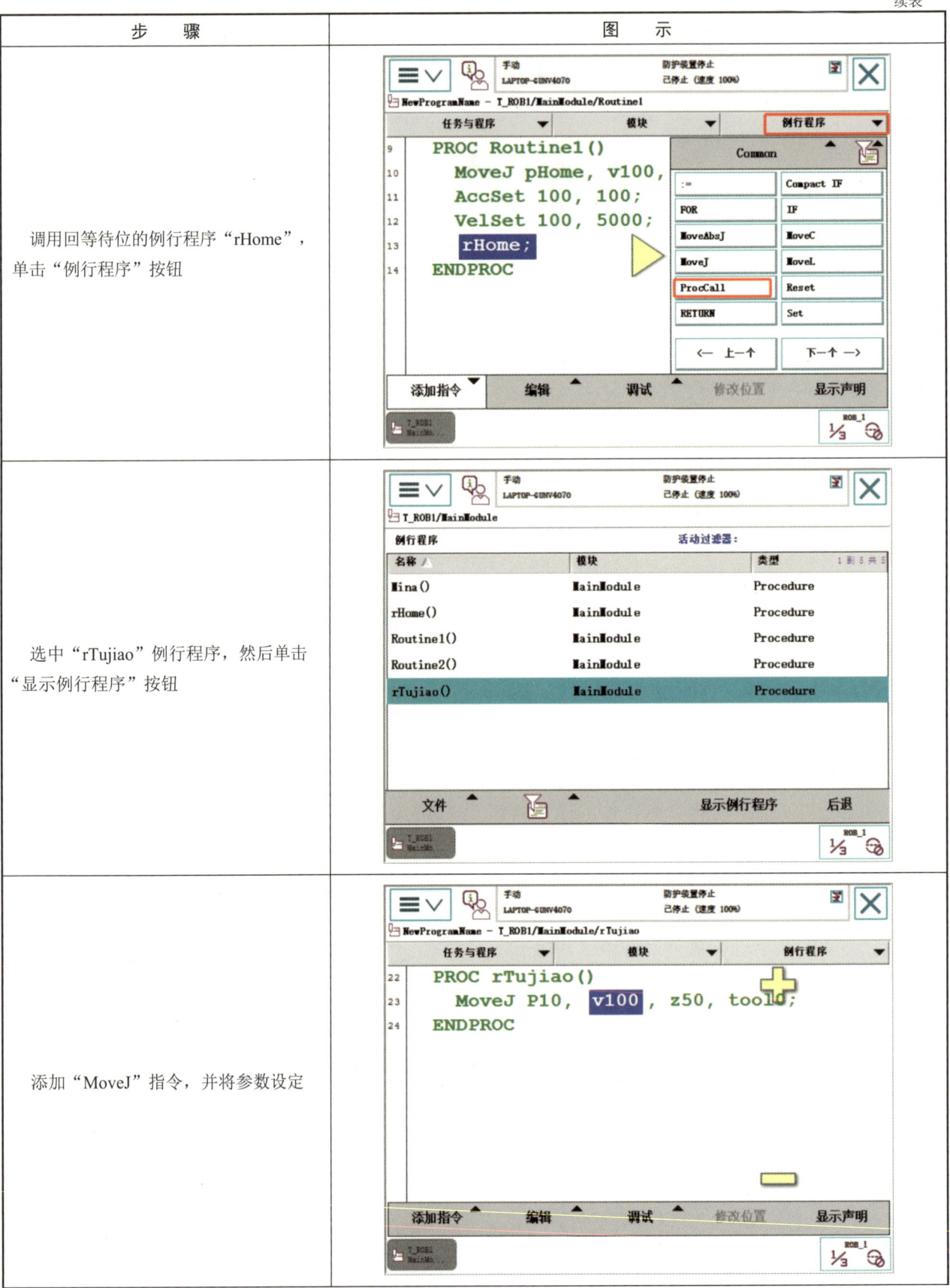

续表

步　　骤	图　　示
调用回等待位的例行程序"rHome"，单击"例行程序"按钮	
选中"rTujiao"例行程序，然后单击"显示例行程序"按钮	
添加"MoveJ"指令，并将参数设定	

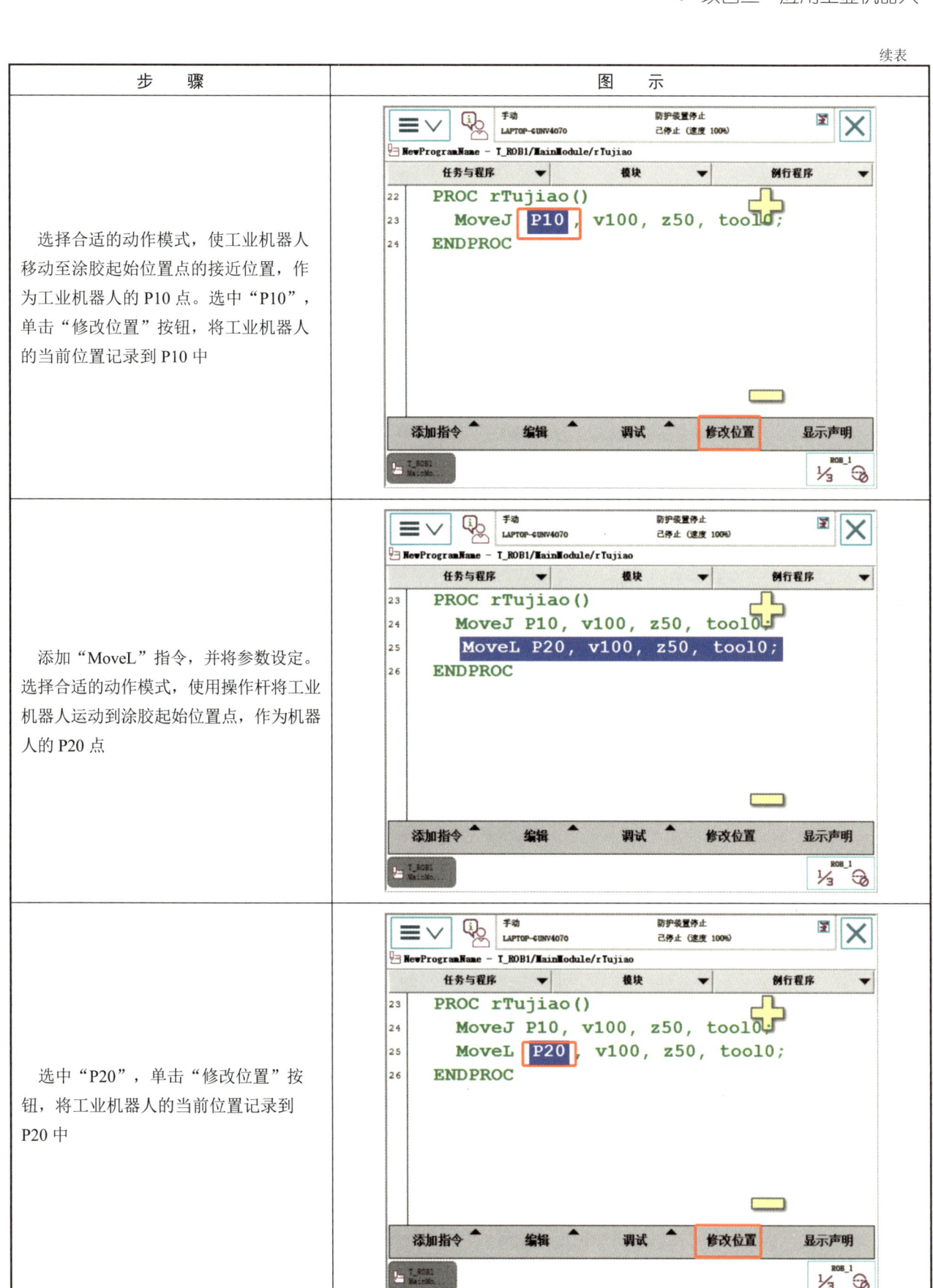

续表

步　骤	图　示
| 　选择合适的动作模式，使工业机器人移动至涂胶起始位置点的接近位置，作为工业机器人的 P10 点。选中"P10"，单击"修改位置"按钮，将工业机器人的当前位置记录到 P10 中 | ```
22  PROC rTujiao()
23      MoveJ P10, v100, z50, tool0;
24  ENDPROC
``` |
| 　添加"MoveL"指令，并将参数设定。选择合适的动作模式，使用操作杆将工业机器人运动到涂胶起始位置点，作为机器人的 P20 点 | ```
23  PROC rTujiao()
24      MoveJ P10, v100, z50, tool0;
25      MoveL P20, v100, z50, tool0;
26  ENDPROC
``` |
| 　选中"P20"，单击"修改位置"按钮，将工业机器人的当前位置记录到 P20 中 | ```
23  PROC rTujiao()
24      MoveJ P10, v100, z50, tool0;
25      MoveL P20, v100, z50, tool0;
26  ENDPROC
``` |
```

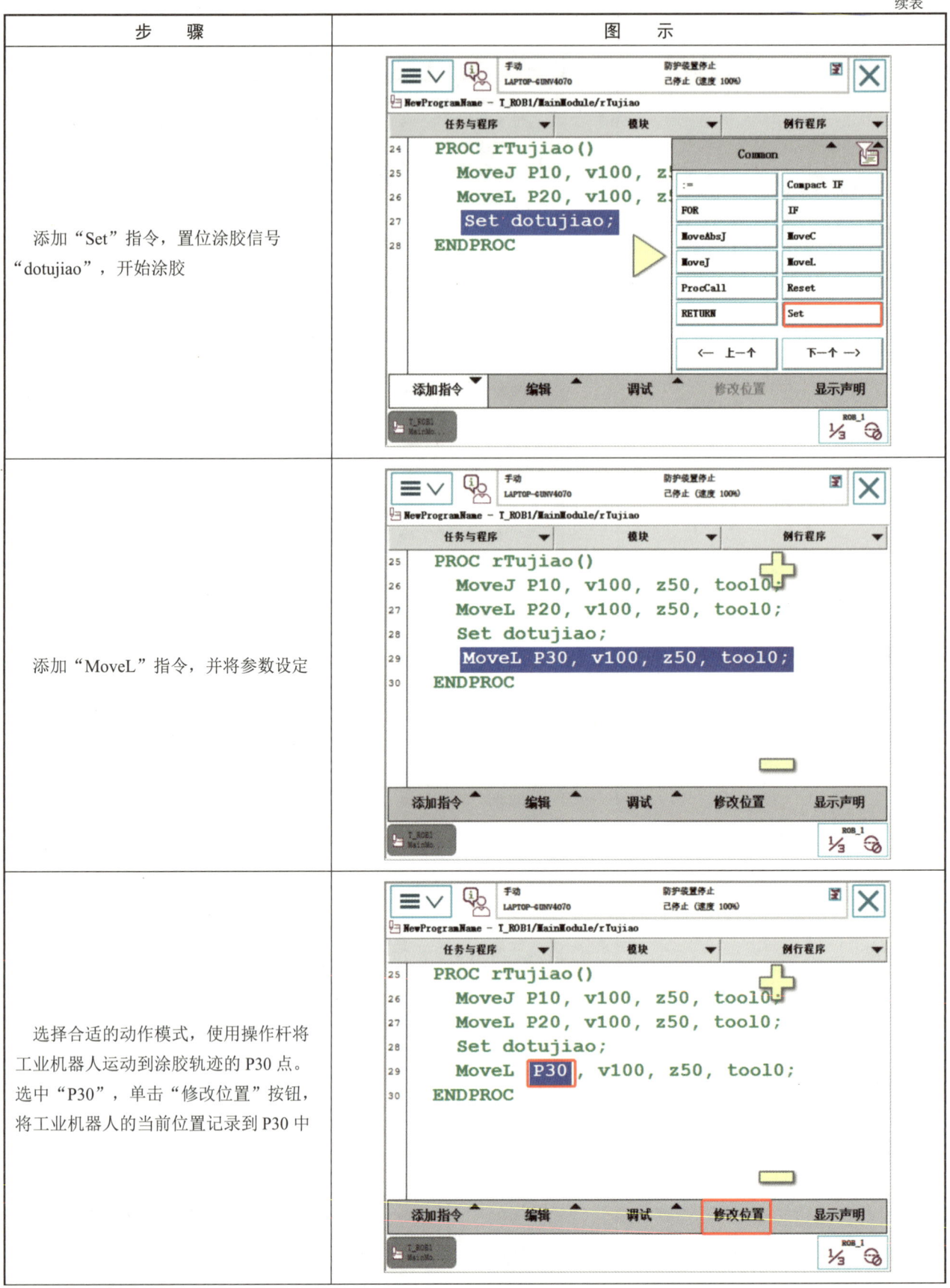

续表

步　骤	图　示
添加"Set"指令，置位涂胶信号"dotujiao"，开始涂胶	
添加"MoveL"指令，并将参数设定	
选择合适的动作模式，使用操作杆将工业机器人运动到涂胶轨迹的 P30 点。选中"P30"，单击"修改位置"按钮，将工业机器人的当前位置记录到 P30 中	

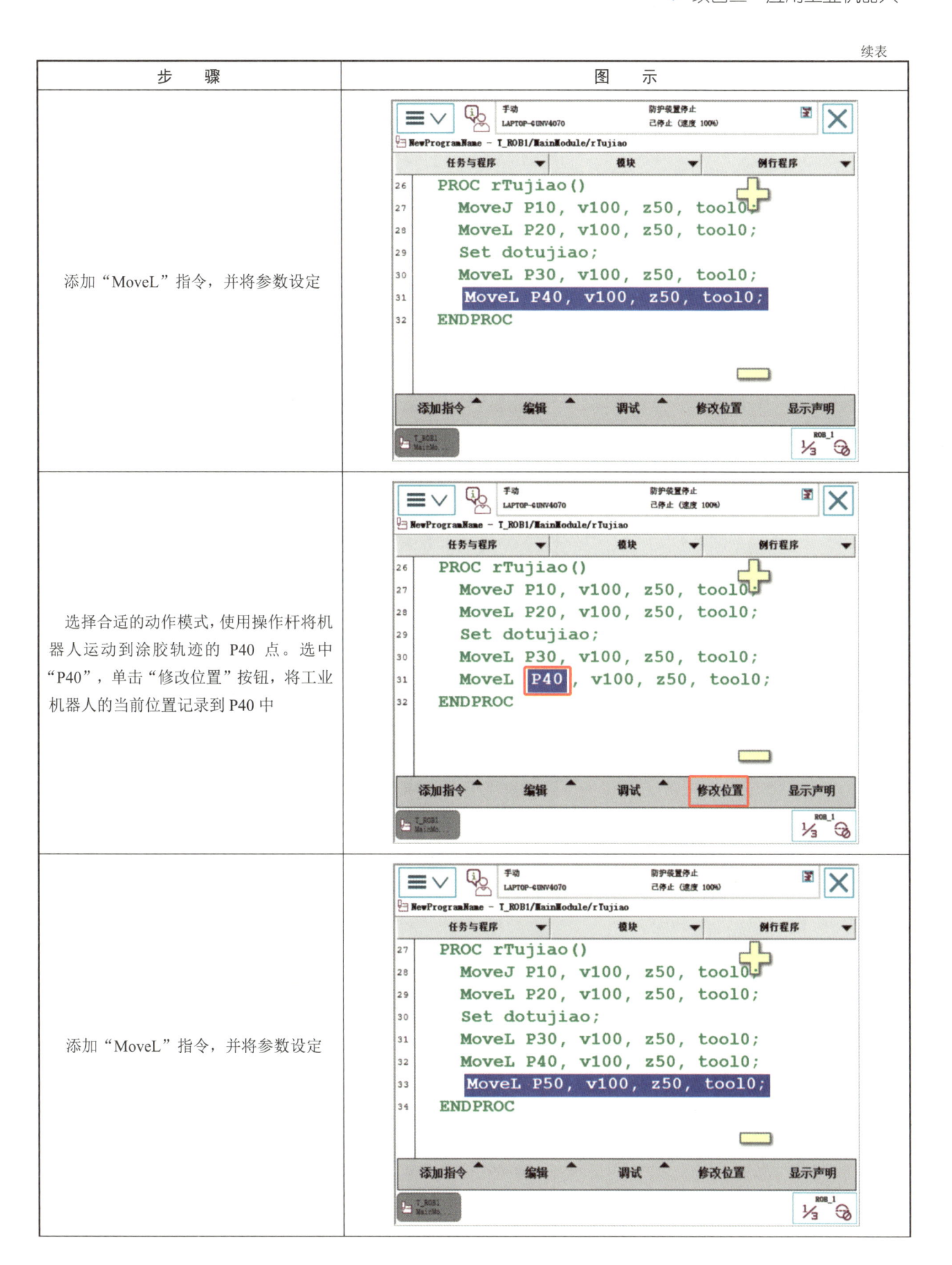

续表

步 骤	图 示
| 添加"MoveL"指令,并将参数设定 | ```
26  PROC rTujiao()
27    MoveJ P10, v100, z50, tool0;
28    MoveL P20, v100, z50, tool0;
29    Set dotujiao;
30    MoveL P30, v100, z50, tool0;
31    MoveL P40, v100, z50, tool0;
32  ENDPROC
``` |
| 选择合适的动作模式,使用操作杆将机器人运动到涂胶轨迹的 P40 点。选中"P40",单击"修改位置"按钮,将工业机器人的当前位置记录到 P40 中 | ```
26  PROC rTujiao()
27    MoveJ P10, v100, z50, tool0;
28    MoveL P20, v100, z50, tool0;
29    Set dotujiao;
30    MoveL P30, v100, z50, tool0;
31    MoveL P40, v100, z50, tool0;
32  ENDPROC
``` |
| 添加"MoveL"指令,并将参数设定 | ```
27  PROC rTujiao()
28    MoveJ P10, v100, z50, tool0;
29    MoveL P20, v100, z50, tool0;
30    Set dotujiao;
31    MoveL P30, v100, z50, tool0;
32    MoveL P40, v100, z50, tool0;
33    MoveL P50, v100, z50, tool0;
34  ENDPROC
``` |
```

续表

步　　骤	图　　示
选择合适的动作模式，使用操作杆将工业机器人运动到涂胶轨迹的 P50 点。选中"P50"，单击"修改位置"按钮，将工业机器人的当前位置记录到 P50 中	（示意图：PROC rTujiao() 程序，第33行 MoveL P50, v100, z50, tool0; 被框选，"修改位置"按钮被框选）
添加"MoveL"指令，并将参数设定	（示意图：程序中新增第35行 MoveL P60, v100, z50, tool0; 高亮显示）
选择合适的动作模式，使用操作杆将工业机器人运动到涂胶轨迹的 P60 点。选中"P60"，单击"修改位置"按钮，将机器人的当前位置记录到 P60 中	（示意图：PROC rTujiao() 程序，第35行 MoveL P60, v100, z50, tool0; 中 P60 被框选，"修改位置"按钮被框选）

续表

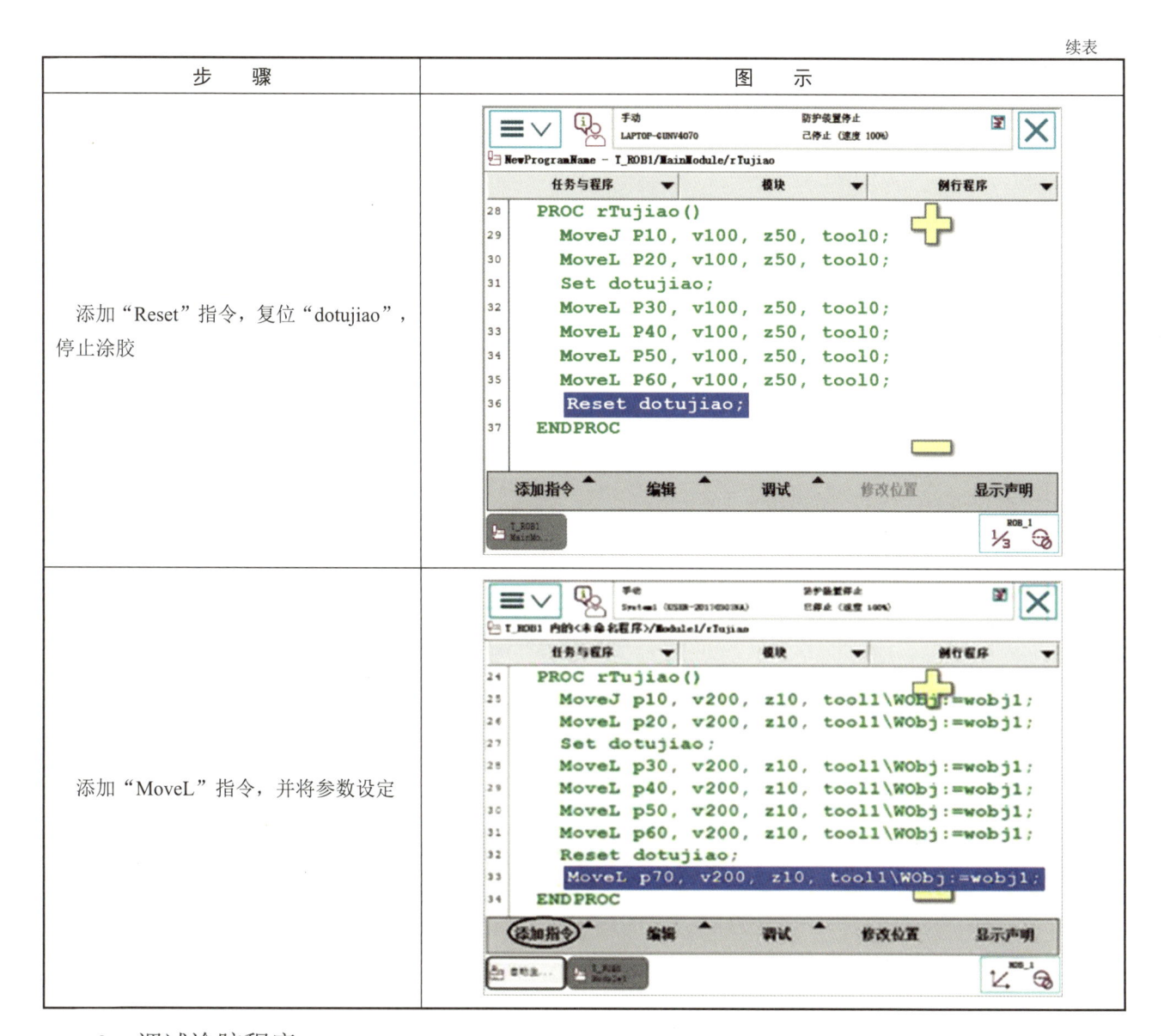

步　　骤	图　　示
添加"Reset"指令，复位"dotujiao"，停止涂胶	PROC rTujiao() 　MoveJ P10, v100, z50, tool0; 　MoveL P20, v100, z50, tool0; 　Set dotujiao; 　MoveL P30, v100, z50, tool0; 　MoveL P40, v100, z50, tool0; 　MoveL P50, v100, z50, tool0; 　MoveL P60, v100, z50, tool0; 　Reset dotujiao; ENDPROC
添加"MoveL"指令，并将参数设定	PROC rTujiao() 　MoveJ p10, v200, z10, tool1\WObj:=wobj1; 　MoveL p20, v200, z10, tool1\WObj:=wobj1; 　Set dotujiao; 　MoveL p30, v200, z10, tool1\WObj:=wobj1; 　MoveL p40, v200, z10, tool1\WObj:=wobj1; 　MoveL p50, v200, z10, tool1\WObj:=wobj1; 　MoveL p60, v200, z10, tool1\WObj:=wobj1; 　Reset dotujiao; 　MoveL p70, v200, z10, tool1\WObj:=wobj1; ENDPROC

3．调试涂胶程序。

完成程序的编辑后，需要通过上机运行来验证结果的正确性，并将过程记录在表 3-5 中。

表 3-5　调试涂胶程序的过程记录

序　号	操 作 内 容	完 成 情 况
1	接入主电源，检查正常后通电	□ 完成　　□ 未完成
2	通信单元 I/O 信号设定	□ 完成　　□ 未完成
3	示教涂胶工具位置"tj"	□ 完成　　□ 未完成
4	安装涂胶工具	□ 完成　　□ 未完成
5	完成涂胶轨迹	□ 完成　　□ 未完成
6	拆卸涂胶工具	□ 完成　　□ 未完成

记录人：_____

任务评价

班级：_____ 小组：_____ 姓名：_____	总分：_____ （总分=学生自评成绩×20%+小组互评成绩×30%+教师评价成绩×50%） 指导老师：_____ 日期：_____				
评价项目	评价标准	评价依据	评价方式			配分
^^	^^	^^	学生自评（20%）	小组互评（30%）	教师评价（50%）	^^
职业素养	1. 遵守企业规章制度、劳动纪律 2. 按时、按质完成工作任务 3. 积极主动承担工作任务，勤学好问 4. 注意人身安全与设备安全 5. 工作岗位"6S"的完成情况	1. 出勤 2. 工作态度 3. 劳动纪律 4. 团队协作精神				30
专业能力	1. 能正确示教涂胶工具位置 2. 能编写并调试涂胶程序	1. 工作页完成情况 2. 小组分工情况				50
创新能力	1. 在任务完成过程中能提出有价值的观点 2. 在教学或生产管理上提出建议，且具有创新性	1. 观点的合理性和意义 2. 建议的可行性 3. 创建正确，步骤完整				20
合 计						100

任务 3.2　工业机器人搬运

任务目标

1. 了解搬运工业机器人的主要优点及分类。
2. 熟悉工业机器人搬运的工作过程。
3. 了解工业机器人的基本通信。
4. 熟悉 Offs 偏移指令。
5. 正确编写并调试搬运程序。

扫码看视频

知识探究

3.2.1 搬运工业机器人

搬运工业机器人具有通用性强、工作稳定的优点，且操作简便、功能丰富，逐渐向第三代智能工业机器人发展，其主要优点如下。

（1）动作稳定，提高搬运准确性。

（2）提高生产效率，解放繁重的体力劳动，实现"无人"或"少人"生产。

（3）改善工人劳作条件，使工人摆脱有毒、有害环境。

（4）柔性高、适应性强，可实现多形状、不规则物料搬运。

（5）定位准确，保证批量一致性。

（6）降低制造成本，提高生产效益。

从结构形式上看，搬运工业机器人可分为龙门式搬运工业机器人、悬臂式搬运工业机器人、侧臂式搬运工业机器人、摆臂式搬运工业机器人和关节式搬运工业机器人。

1. 龙门式搬运工业机器人

龙门式搬运工业机器人（见图3-4）的坐标系主要由X轴、Y轴和Z轴组成。其多采用模块化结构，可依据负载位置、大小等选择对应直线运动单元及组合结构形式，可实现大物料、重吨位搬运，采用直角坐标系，编程方便快捷，被广泛应用于生产线转运及机床上/下料等大批量生产过程。

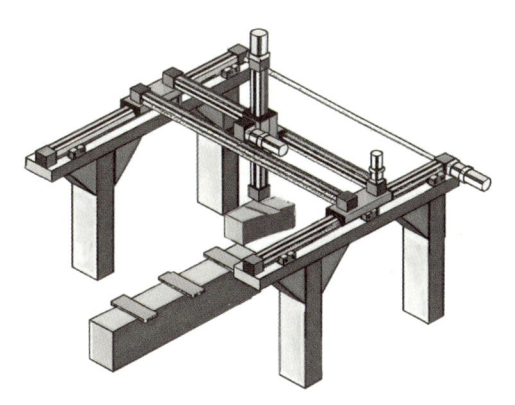

图3-4 龙门式搬运工业机器人

2. 悬臂式搬运工业机器人

悬臂式搬运工业机器人（见图3-5）的坐标系主要由X轴、Y轴和Z轴组成。其也可随不同的应用采取相应的结构形式，被广泛应用于卧式机床、立式机床及特定机床内部，以及冲压机热处理、机床自动上/下料。

3. 侧臂式搬运工业机器人

侧臂式搬运工业机器人的坐标系主要由X轴、Y轴和Z轴组成。其也可随不同的应用采取相应的结构形式，主要被应用于立体库类，如档案自动存取、全自动银行保管箱存取系统等。图3-6所示为侧臂式搬运工业机器人。

图 3-5　悬臂式搬运工业机器人

图 3-6　侧臂式搬运工业机器人

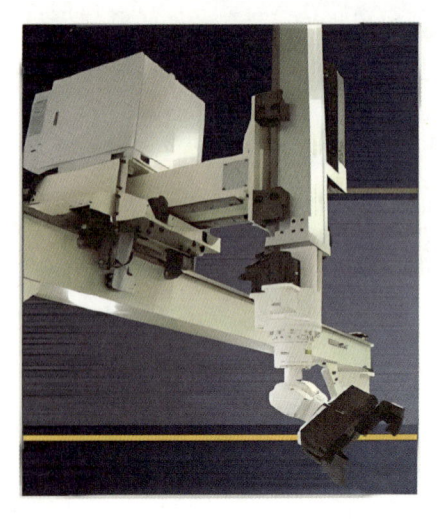

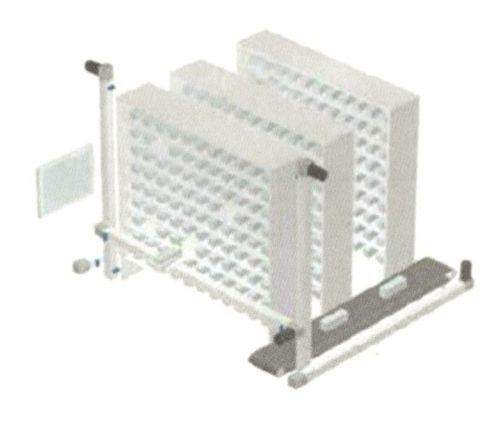

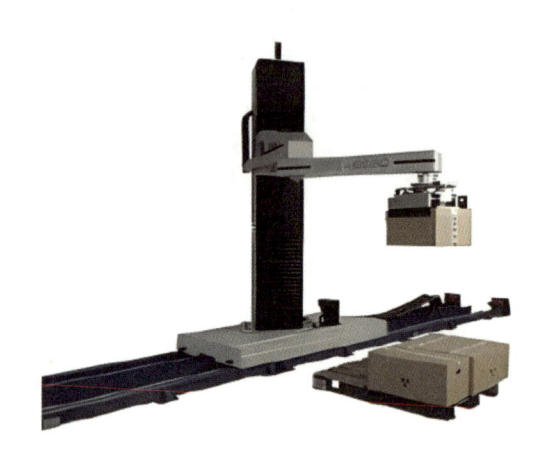

4. 摆臂式搬运工业机器人

摆臂式搬运工业机器人的坐标系主要由 X 轴、Y 轴和 Z 轴组成。Z 轴主要是升降轴，也称为主轴。Y 轴的移动主要通过外加滑轨实现。X 轴末端连接控制器，控制器绕 X 轴转动，实现 4 轴联动。摆臂式搬运工业机器人广泛应用于国内外生产厂家，是关节式搬运工业机器人的理想替代品，但其负载程度相对于关节式搬运工业机器人小。图 3-7 所示为摆臂式搬运工业机器人。

图 3-7　摆臂式搬运工业机器人

5. 关节式搬运工业机器人

关节式搬运工业机器人是当今工业产业中常见的机型之一，其拥有 5 或 6 个轴，行为动作类似于人的手臂，具有结构紧凑、占地空间小、相对工作空间大、自由度高等特点，适用于几乎任意轨迹或角度的工作。图 3-8 所示为关节式搬运工业机器人。

图 3-8 关节式搬运工业机器人

吸盘工具（简称夹爪工具、夹具）如图 3-9 所示，其采用了双吸盘，由控制电磁阀通过气压驱动气缸吸取物料。

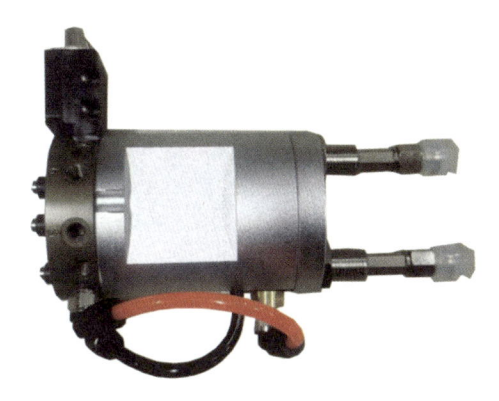

图 3-9 吸盘工具

吸盘工具控制电磁阀的气路连接示意图如图 3-10 所示，当吸盘工具控制电磁阀未通电，即数字量输出信号"DO03"为 0 时，空气通过快换夹具主盘 1 口进入，控制吸盘工具张开；当吸盘工具控制电磁阀通电，即数字量输出信号"DO03"为 1 时，空气通过快换夹具主盘 2 口进入，控制吸盘工具夹紧。

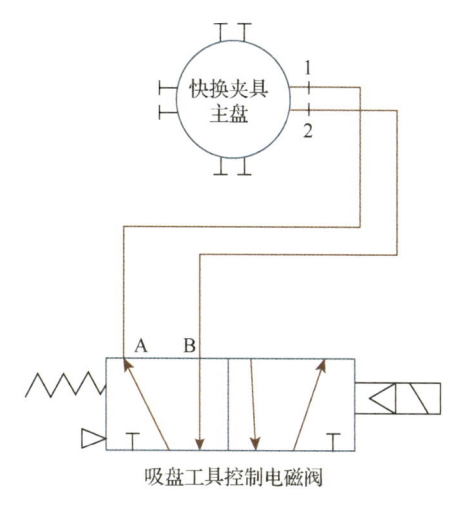

图 3-10 吸盘工具控制电磁阀的气路连接示意图

3.2.2 工业机器人搬运工作过程

工业机器人抓持吸盘工具,将物料托盘上的圆形物料从 4 号位置搬运到 1 号位置,如图 3-11 所示。

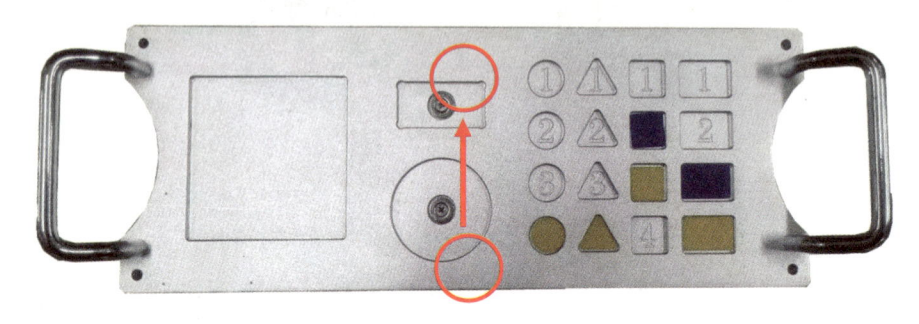

图 3-11 物料搬运位置

根据物料搬运的工作任务要求,分析得到的工作过程如下。

1. 取物料过程

吸盘工具从 Home 点出发,经过渡点和接近点,运动到物料托盘的 4 号位置抓取物料,然后经接近点和过渡点离开物料托盘的 4 号位置。

2. 摆放物料过程

吸盘工具抓取物料后,经过渡点和接近点,运动到物料托盘的 1 号位置放下物料,然后经接近点和过渡点离开物料托盘的 1 号位置,最后回到 Home 点结束搬运任务。

其中,设置过渡点和接近点是为了方便调节运动速度和避免碰撞的发生。

搬运物料的工作流程如图 3-12 所示。

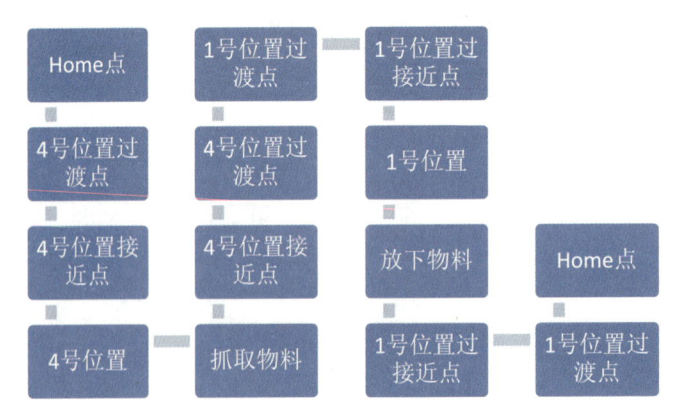

图 3-12 搬运物料的工作流程

3.2.3 工业机器人的基本通信

工业机器人拥有丰富的 I/O 通信接口,可以轻松地实现与周边设备的通信,其中 RS-232

通信、OPC 是与 PC 通信时的通信协议；DeviceNet、PROFIBUS、PROFIBUS-DP、PROFINET、EtherNet/IP 则是不同工业机器人厂商推出的现场总线协议，可根据需求选配合适的现场总线。例如，如果使用 ABB 工业机器人标准 I/O 板，那么就必须有 DeviceNet 总线。

不同的工业机器人厂商选用的标准 I/O 模块在功能上大同小异，但选型有所不同，ABB 工业机器人常用的标准 I/O 板有 DSQC 651 和 DSQC 652，KUKA 工业机器人则采用 Beckhoff 公司提供的 EtherCAT 模块。

工业机器人 I/O 通信提供的信号处理包括数字输入（DI）、数字输出（DO）、模拟输入（AI）和模拟输出（AO）。在工业机器人系统中，通常将上述逻辑控制系统集成为一块板卡/模块——标准 I/O 模块。使用一根导线连接 I/O 模块上的接口与通信设备，即可实现 I/O 通信。工业机器人的 I/O 模块与工业机器人内部的总线相连，实现工业机器人内外部逻辑信号的传递与交换。

ABB 工业机器人常用的标准 I/O 板（见表 3-6）有 DSQC 651、DSQC 652、DSQC 653、DSQC 355A、DSQC 377A 五种，除分配地址不同外，其配置方法基本相同。

表 3-6　ABB 工业机器人常用的标准 I/O 板

序　号	型　号	说　　明
1	DSQC 651	分布式 I/O 模块 DI8、DO8、AO2
2	DSQC 652	分布式 I/O 模块 DI16、DO16
3	DSQC 653	分布式 I/O 模块 DI8、DO8，带继电器
4	DSQC 355A	分布式 I/O 模块 AI4、DO03
5	DSQC 377A	输送链跟踪单元

3.2.4　Offs 偏移指令

在工业机器人搬运、码垛、焊接等应用中，经常涉及位置的偏移，在编程时使用 Offs 偏移指令，可实现以目标点为参考点的其他位置点的偏移运算，减少运行目标点的示教，提高编程效率。

Offs 偏移指令可以进行基于工件坐标的 X 轴、Y 轴、Z 轴的平移，在程序编辑器运动指令"更改选择"选区中，选中位置数据后单击"功能"按钮可选择"Offs"偏移指令，如图 3-13 所示。

在 Offs 偏移指令参数选择界面中，4 个占位符依次对应"偏移参考点""X 方向偏移值""Y 方向偏移值""Z 方向偏移值"，如图 3-14 所示，表示相对于参考点 p10 的位置，在 p10 点的 X 方向偏移 10mm、Y 方向偏移 20mm、Z 方向偏移 30mm。

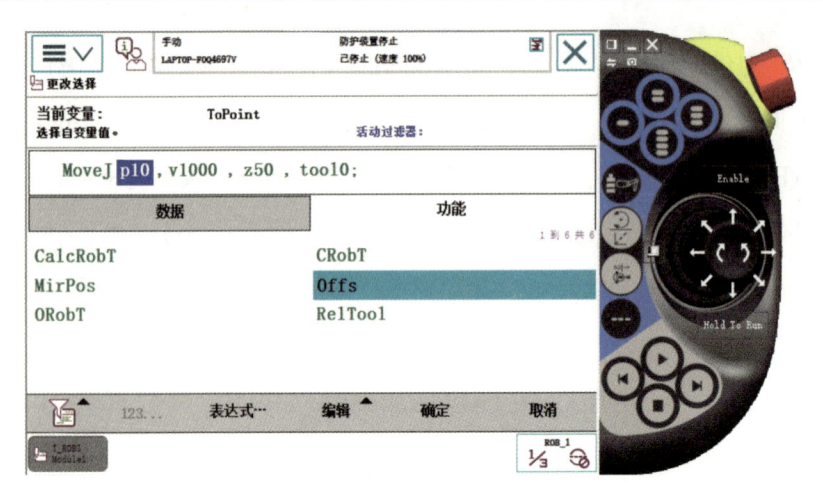

图 3-13 选择 Offs 偏移指令

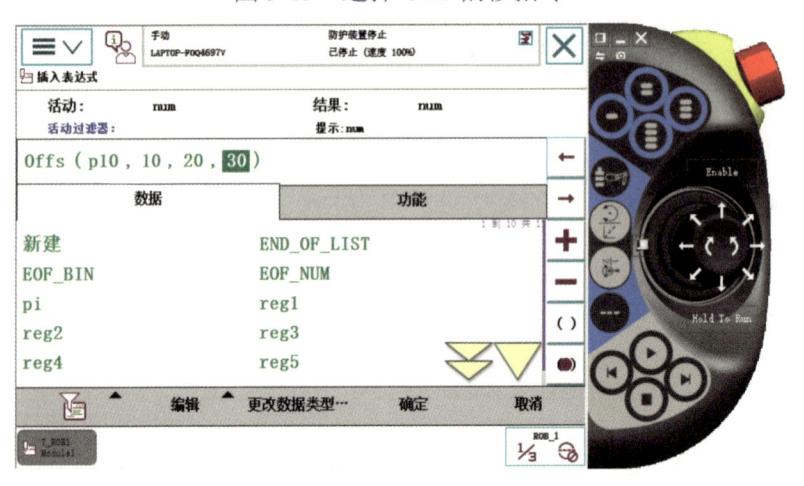

图 3-14 Offs 偏移指令参数

任务实践

学生工作页

班级：_____ 小组：_____ 组长：_____ 日期：_____

学生姓名：_____ 指导教师：_____ 成绩：_____（完成或没完成）

书写要求

（1）务必用签字笔书写，保证工作页整洁清晰。

（2）字迹工整，按框格书写，不要超出答题区域。

1. 配置搬运工业机器人的 I/O 信号。

根据搬运物料的工作任务要求，工业机器人所需的 I/O 通信单元参数如表 3-7 所示。

表 3-7 I/O 通信单元参数

标准 I/O 板卡	名　称	地　址
DSQC D652 24 VDC I/O Device	D652	10

根据搬运物料的工作任务要求,工业机器人所需的数字量输出信号分配表如表 3-8 所示。

表 3-8 数字量输出信号分配表

I/O 板卡地址	信号名称	功能表述	对应关系	对应 I/O
0	DO00	快换装置	工具	—
3	DO03	吸盘 1	工具	—

2．示教搬运物料的位置。

根据搬运物料的工作任务要求,物料的位置数据只需要用到"wz1"和"wz3",所以在操作过程中,只对这两个位置数据的示教进行演示。同时,为保证示教物料位置的准确性,在示教两个物料位置数据的过程中,始终需要保持吸盘工具和物料之间的相对位置,创建物料位置数据的操作步骤如表 3-9 所示。

表 3-9 创建物料位置数据的操作步骤

步骤	图示
进入位置数据界面,创建位置数据 wz1～wz3	
手动安装吸盘工具,并手动将物料放置到吸盘工具两指之间后夹紧	

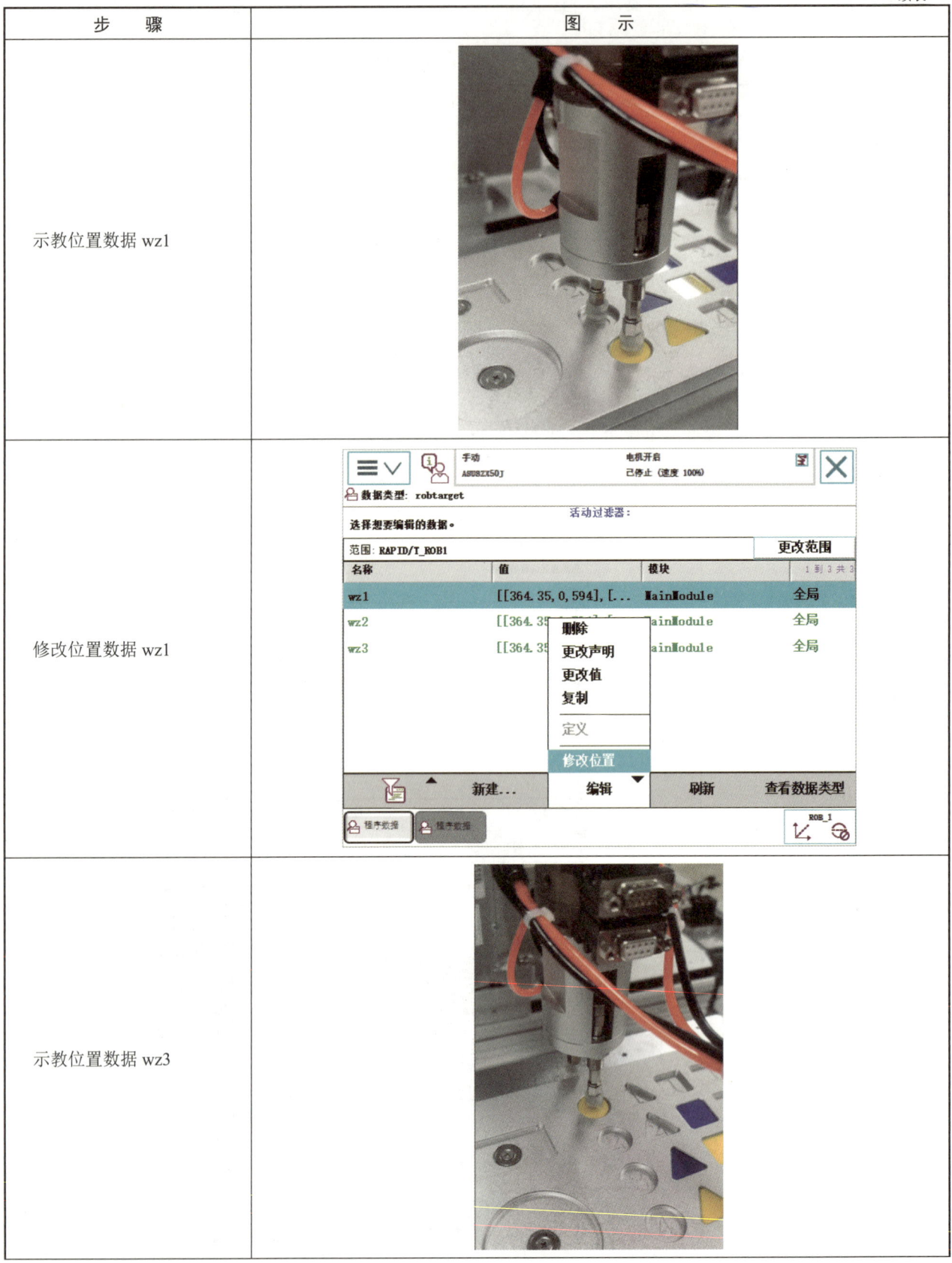

续表

步　　骤	图　　示
示教位置数据 wz1	
修改位置数据 wz1	
示教位置数据 wz3	

续表

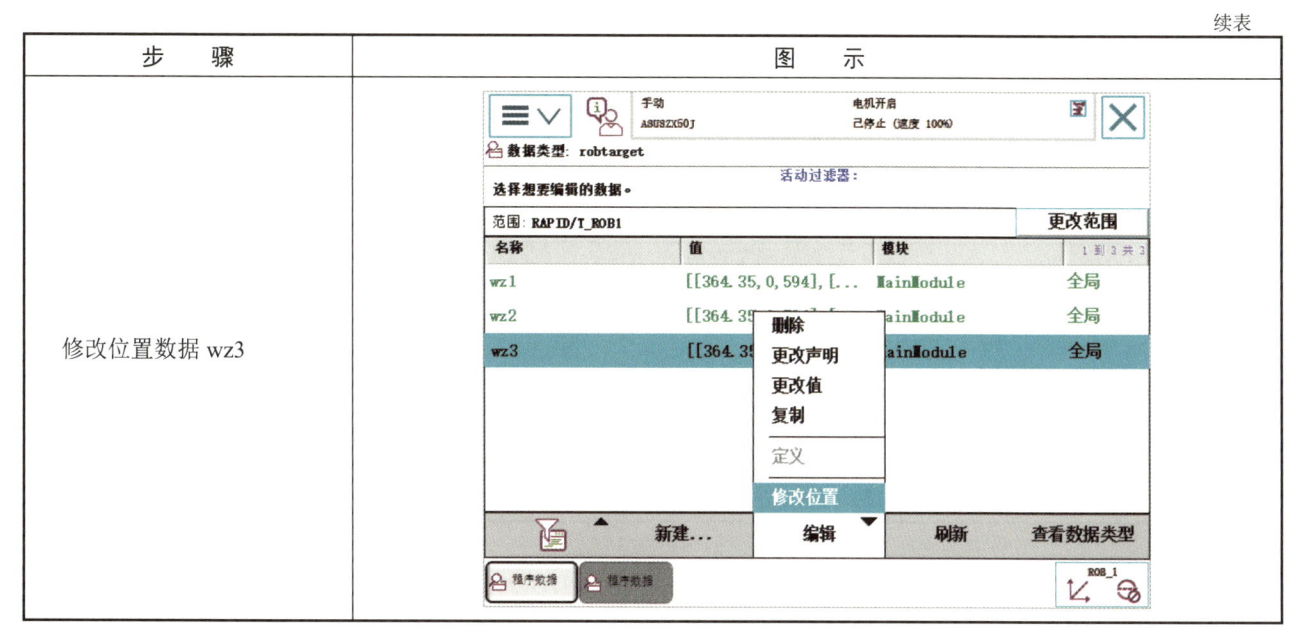

步　骤	图　示
修改位置数据 wz3	

3．编写搬运物料的程序。

根据搬运物料工作过程的分析结果，得到如下参考程序。

```
proc main ()
MoveAbsJ home\NoEoffs,v1000,z50,tool0;              ! Home点
MoveL Offs (wz1,0,0,100),v1000,fine,tool0;          ! 4号位置过渡点
MoveL Offs (wz1,0,0,30),v100,fine,tool0;            ! 4号位置接近点
MoveL wz1,v20,fine,tool0;                           ! 到达4号位置
Waittime 0.5;                                       ! 抓取物料
Set DO03;
Waittime 0.5;
MoveL Offs (wz1,0,0,30),v20,fine,tool0;             ! 4号位置接近点
MoveL Offs (wz1,0,0,100),v100,fine,tool0;           ! 4号位置过渡点
MoveL Offs (wz3,0,0,100),v100,fine,tool0;           ! 1号位置过渡点
MoveL Offs (wz3,0,0,30),v100,fine,tool0;            ! 1号位置接近点
MoveL wz3,v20,fine,tool0;                           ! 到达1号位置
Waittime 0.5;
Reset DO03;                                         ! 放下物料
Waittime 0.5;
MoveL Offs (wz3,0,0,30),v20,fine,tool0;             ! 1号位置接近点
MoveL Offs (wz3,0,0,100),v100,fine,tool0;           ! 1号位置过渡点
MoveAbsJ home\NoEoffs,v1000,z50,tool0;              ! Home点
endprocs
```

4．调试搬运物料的程序。

完成程序的编辑后，需要通过上机运行来验证结果的正确性，并将过程记录在表 3-10 中。

表 3-10　搬运物料过程记录表

序　号	操作内容	完成情况
1	接入主电源，检查正常后通电	□ 完成　　□ 未完成

续表

序　　号	操 作 内 容	完 成 情 况	
2	通信单元 I/O 信号设定	□ 完成	□ 未完成
3	示教物料位置	□ 完成	□ 未完成
4	安装吸盘工具	□ 完成	□ 未完成
5	抓取 4 号位置的物料	□ 完成	□ 未完成
6	将物料摆放到 1 号位置	□ 完成	□ 未完成
7	拆卸吸盘工具	□ 完成	□ 未完成

记录人：_____

任务评价

班级：_____
小组：_____
姓名：_____

总分：_____
（总分=学生自评成绩×20%+小组互评成绩×30%+教师评价成绩×50%）
指导老师：_____　　　　日期：_____

评价项目	评价标准	评价依据	学生自评（20%）	小组互评（30%）	教师评价（50%）	配分
职业素养	1. 遵守企业规章制度、劳动纪律 2. 按时、按质完成工作任务 3. 积极主动承担工作任务，勤学好问 4. 注意人身安全与设备安全 5. 工作岗位"6S"的完成情况	1. 出勤 2. 工作态度 3. 劳动纪律 4. 团队协作精神				30
专业能力	1. 能正确配置搬运工业机器人的 I/O 信号 2. 能正确示教搬运物料的位置 3. 能根据要求编写搬运物料的程序并调试成功	1. 工作页完成情况 2. 小组分工情况				50
创新能力	1. 在任务完成过程中能提出有价值的观点 2. 在教学或生产管理上提出建议，且具有创新性	1. 观点的合理性和意义 2. 建议的可行性 3. 创建正确,步骤完整				20
合　计						100

任务 3.3　工业机器人码垛

任务目标

1. 能了解码垛工业机器人的特点及应用。
2. 能熟悉工业机器人码垛的工作过程。

扫码看视频

3. 能正确编写并调试码垛程序。

> **知识探究**

3.3.1 码垛工业机器人

码垛是工业生产的关键瓶颈工序，需要依靠大量人力，占用大量工时，工序重复性强、过程较为繁重，严重制约了生产效率。因此，需要搭建工业机器人自动化码垛工作站，根据产品设计机械夹具，整合工业机器人码垛先进技术，来提升生产效率。

工业机器人应用于自动化码垛工作站，能够平稳运行、精准定位，还能满足更多的生产需要；整个工作循环时间可以在极短时间内完成，严格遵守连续式控制系统所规定的周期时间；减少人工数量，降低人力成本，零部件的故障率极低，质量显著提高；结构简单，操作简便，提高生产自动化程度，改善劳动条件。

3.3.2 工业机器人码垛工作过程

工业机器人抓持吸盘工具，将传输线上的物料搬运到码垛平台上，并按图 3-15 所示的码放要求进行码放。

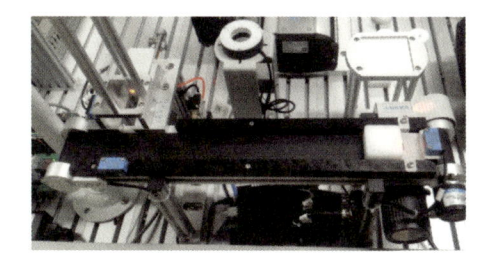

图 3-15　7 个物料在码垛平台的摆放位置

根据码放物料的工作任务要求，分析工作过程如下。

1. 抓取物料过程

吸盘工具经过渡点和接近点，运动到传输线的物料获取位置，然后经接近点和过渡点离开传输线。

2. 码放物料过程

吸盘工具抓取物料后，经过渡点和接近点，运动到码垛平台后放下物料，然后经接近点和过渡点离开码垛平台。

码放物料的工作流程如图 3-16 所示。

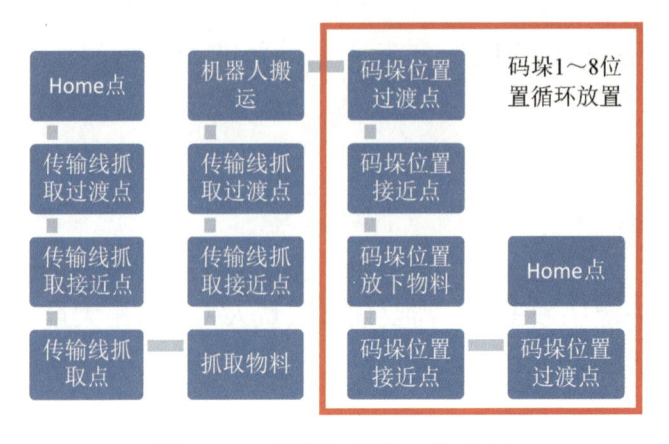

图 3-16　码放物料的工作流程

任务实践

学生工作页

班级：_____　　小组：_____　　组长：_____　　日期：_____

学生姓名：_____　　指导教师：_____　　成绩：_____（完成或没完成）

书写要求

（1）务必用签字笔书写，保证工作页整洁清晰。

（2）字迹工整，按框格书写，不要超出答题区域。

1．配置码垛工业机器人的 I/O 信号。

根据码放物料的工作任务要求，工业机器人所需的 I/O 通信单元参数如表 3-11 所示。

表 3-11　I/O 通信单元参数

标准 I/O 板卡	名　　称	地　　址
DSQC D652 24 VDC I/O Device	D652	10

根据码放物料的工作任务要求，工业机器人所需的数字量输出信号分配表如表 3-12 所示。

表 3-12　数字量输出信号分配表

I/O 板卡地址	信 号 名 称	功 能 表 述	对 应 关 系	对 应 I/O
4	DO03	码垛夹具	工具	—
7	DO00	快换装置	工具	—

根据表 3-7 和表 3-8，配置工业机器人的 I/O 信号单元及控制信号。

2．示教码放物料的位置。

1）创建工件坐标数据

创建工件坐标数据的过程要求工业机器人利用尖点工具，在平面上定义 X1、X2 和 Y1 三个点。

（1）X1 和 X2 点用来确定工件坐标系 X 轴的正方向。

（2）Y1 点用来确定工件坐标系 Y 轴的正方向。

（3）工件坐标系的原点是 Y1 点在 X 轴上的投影。

在码放物料的工作任务中，需要建立码垛传输线和码垛平台 B 的工件坐标系，因为创建两个工件坐标数据的操作步骤相同，所以只对创建码垛传输线的工件坐标数据的操作步骤进行演示，如表 3-13 所示。

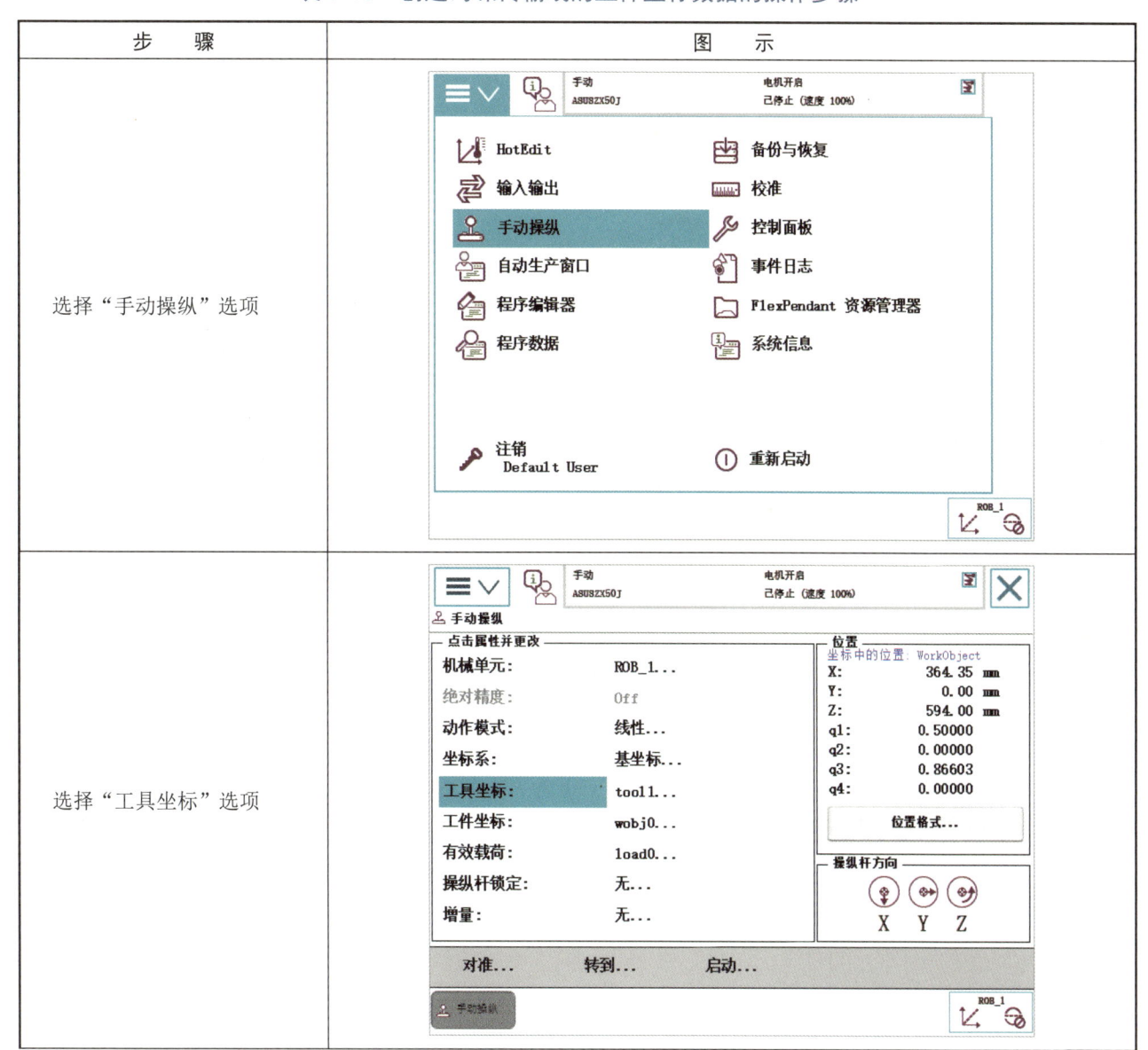

表 3-13　创建码垛传输线的工件坐标数据的操作步骤

步　　骤	图　　示
选择"手动操纵"选项	
选择"工具坐标"选项	

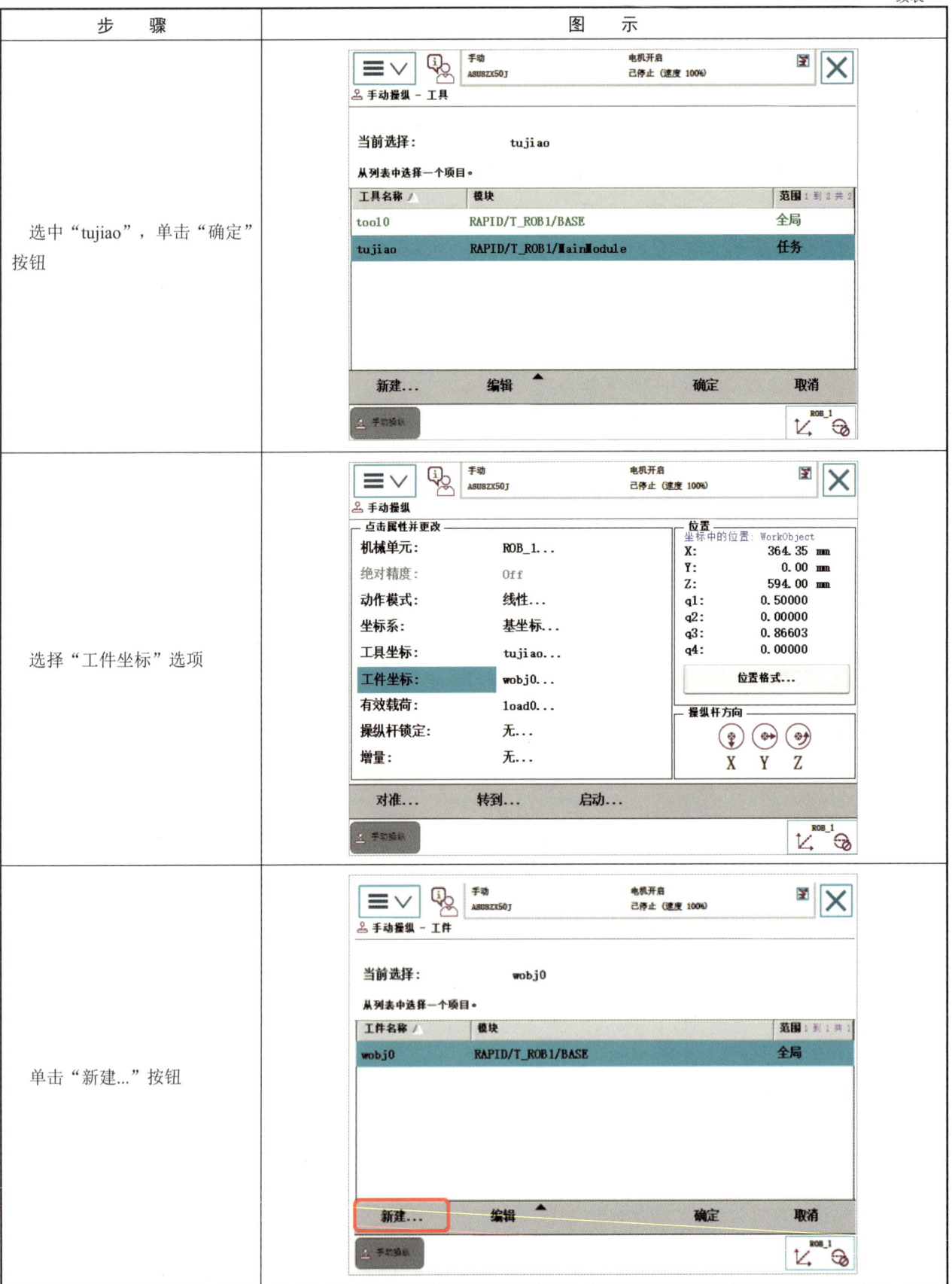

续表

步　　骤	图　　示
选中"tujiao"，单击"确定"按钮	（图示：手动操纵-工具界面，当前选择 tujiao，列表中 tool0 对应 RAPID/T_ROB1/BASE 全局，tujiao 对应 RAPID/T_ROB1/MainModule 任务）
选择"工件坐标"选项	（图示：手动操纵界面，机械单元 ROB_1...，绝对精度 Off，动作模式 线性...，坐标系 基坐标...，工具坐标 tujiao...，工件坐标 wobj0...，有效载荷 load0...，操纵杆锁定 无...，增量 无...；位置：坐标中的位置 WorkObject，X: 364.35 mm，Y: 0.00 mm，Z: 594.00 mm，q1: 0.50000，q2: 0.00000，q3: 0.86603，q4: 0.00000）
单击"新建…"按钮	（图示：手动操纵-工件界面，当前选择 wobj0，列表中 wobj0 对应 RAPID/T_ROB1/BASE 全局，"新建…"按钮被红框标记）

| 100

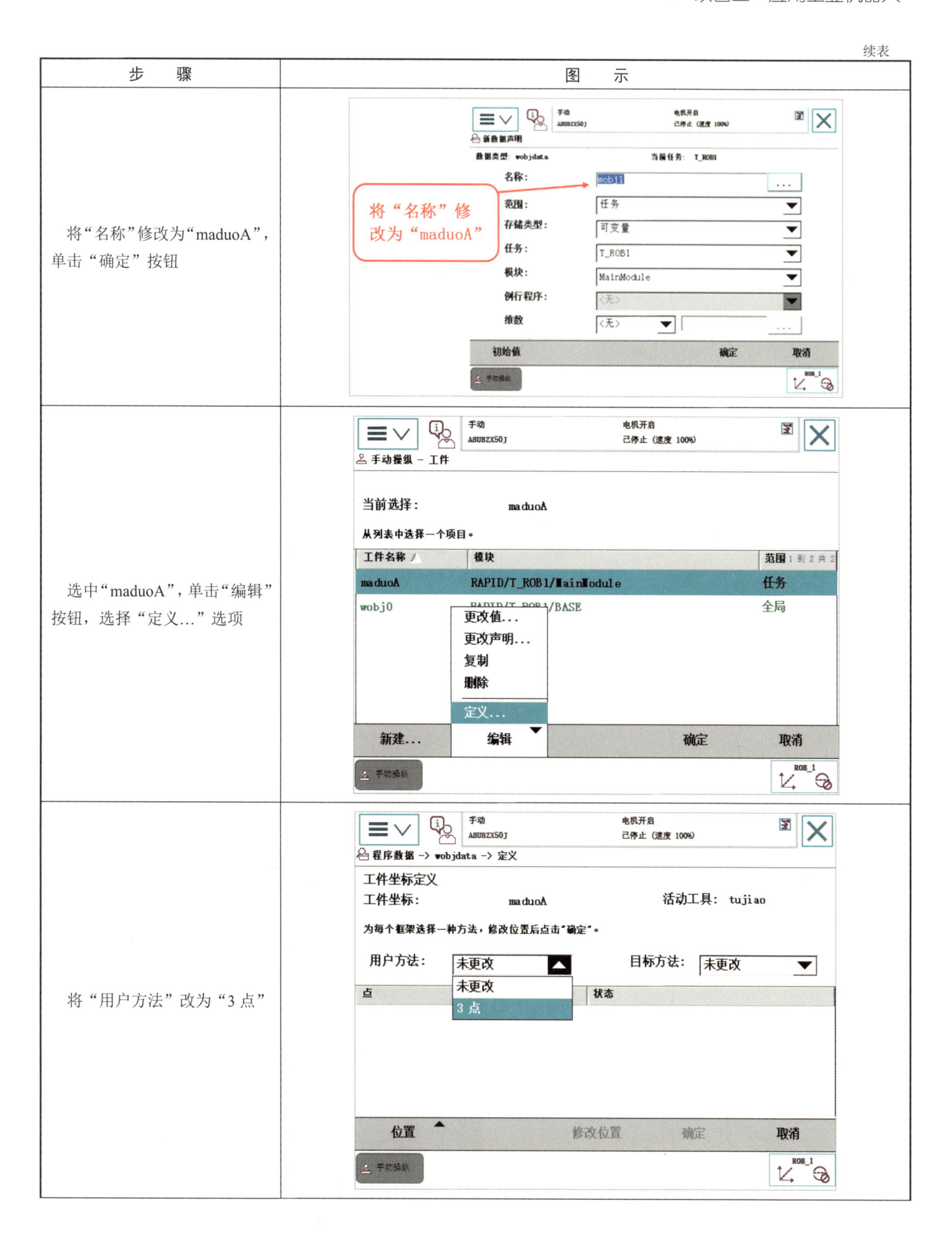

◇ 项目三　应用工业机器人

续表

步　　骤	图　　示
将"名称"修改为"maduoA",单击"确定"按钮	（图示：新数据声明界面，数据类型 wobjdata，名称修改为 maduoA，范围：任务，存储类型：可变量，任务：T_ROB1，模块：MainModule）
选中"maduoA",单击"编辑"按钮,选择"定义..."选项	（图示：手动操纵-工件界面，当前选择：maduoA，列表中显示 maduoA 和 wobj0，弹出菜单包含更改值、更改声明、复制、删除、定义...选项）
将"用户方法"改为"3 点"	（图示：程序数据→wobjdata→定义，工件坐标定义界面，工件坐标：maduoA，活动工具：tujiao，用户方法下拉菜单选择"3 点"）

| 101

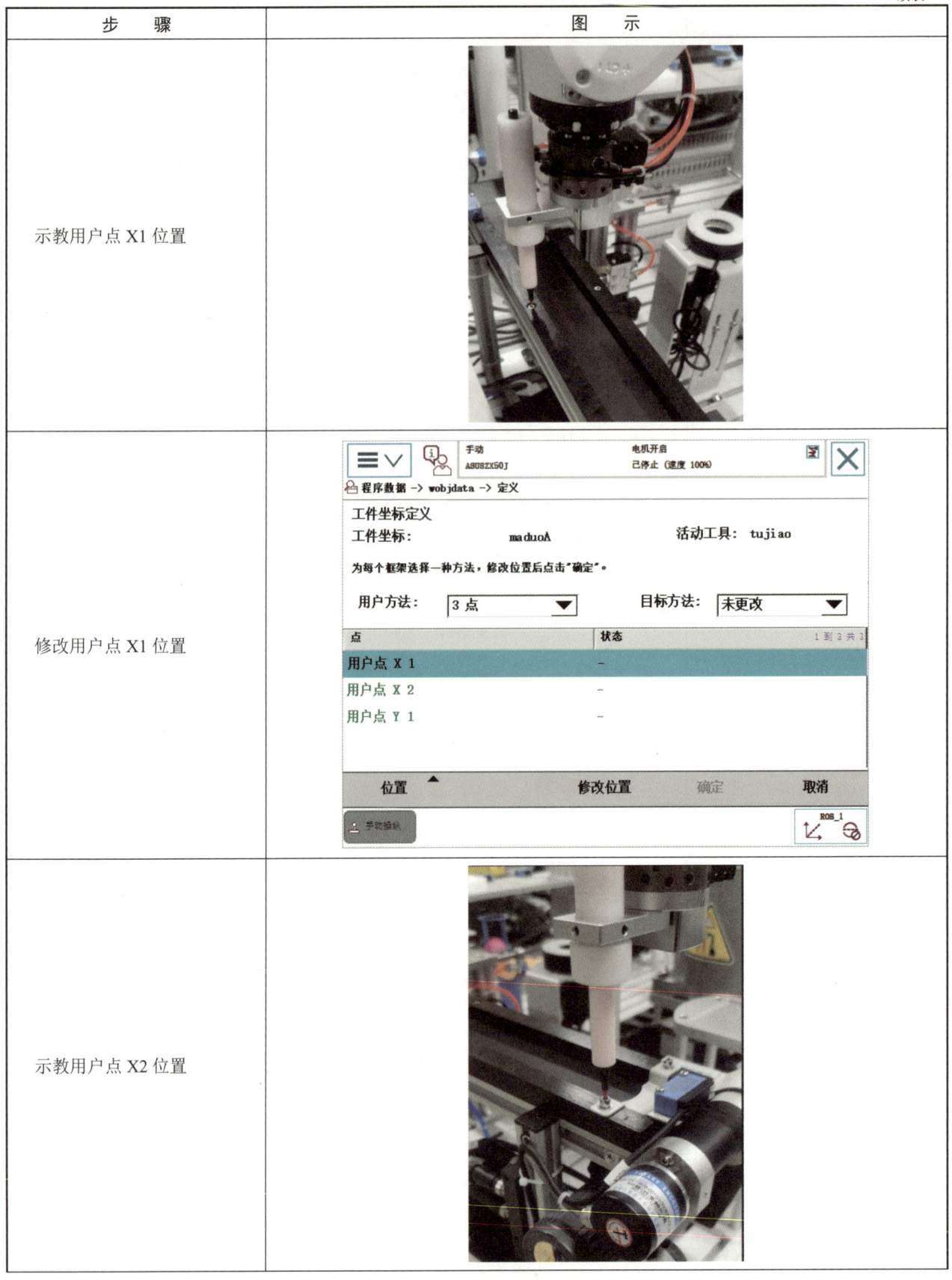

续表

步　　骤	图　示
示教用户点 X1 位置	
修改用户点 X1 位置	
示教用户点 X2 位置	

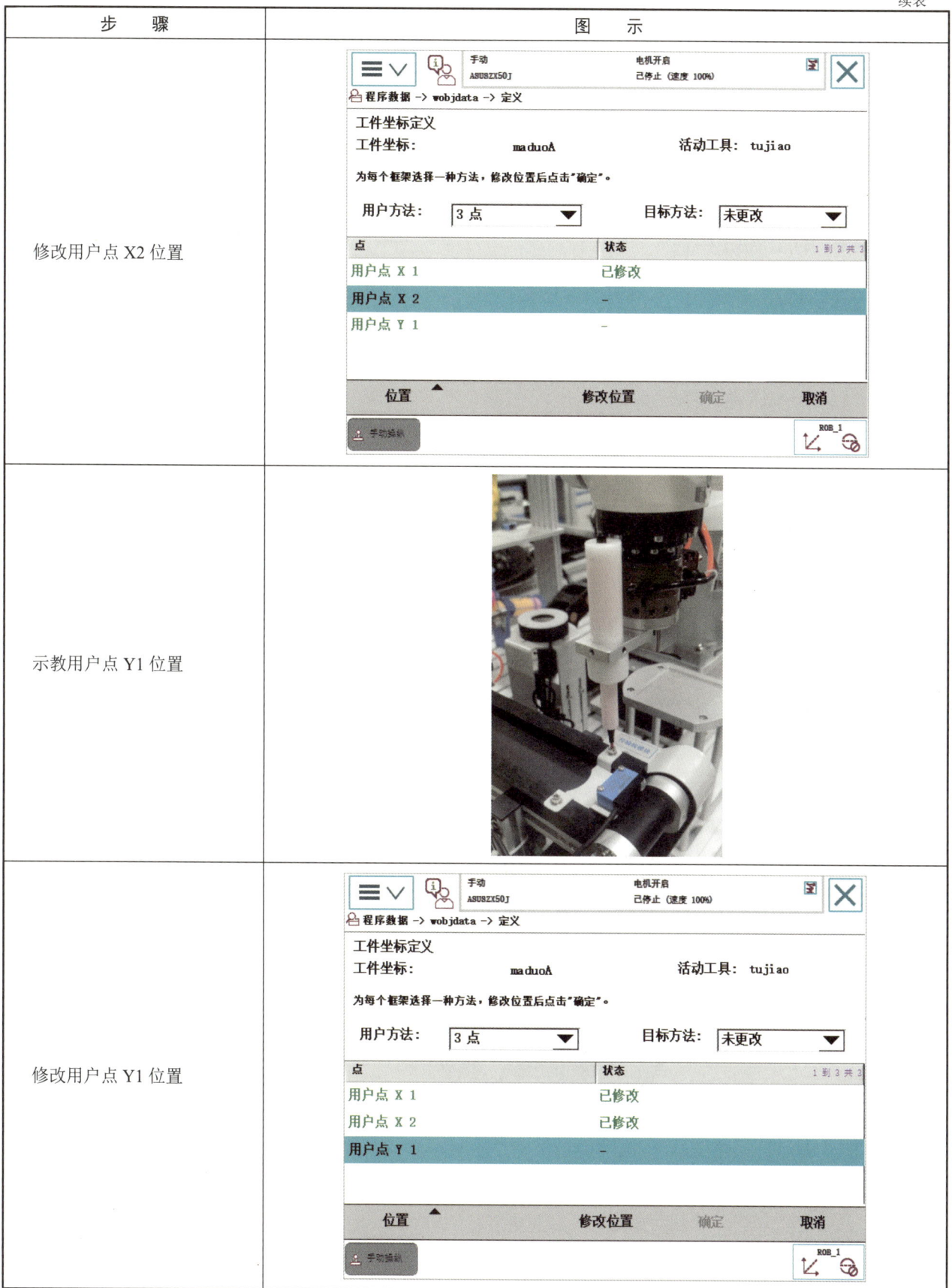

◇ 项目三 应用工业机器人

续表

步　骤	图　示
修改用户点 X2 位置	
示教用户点 Y1 位置	
修改用户点 Y1 位置	

| 103

续表

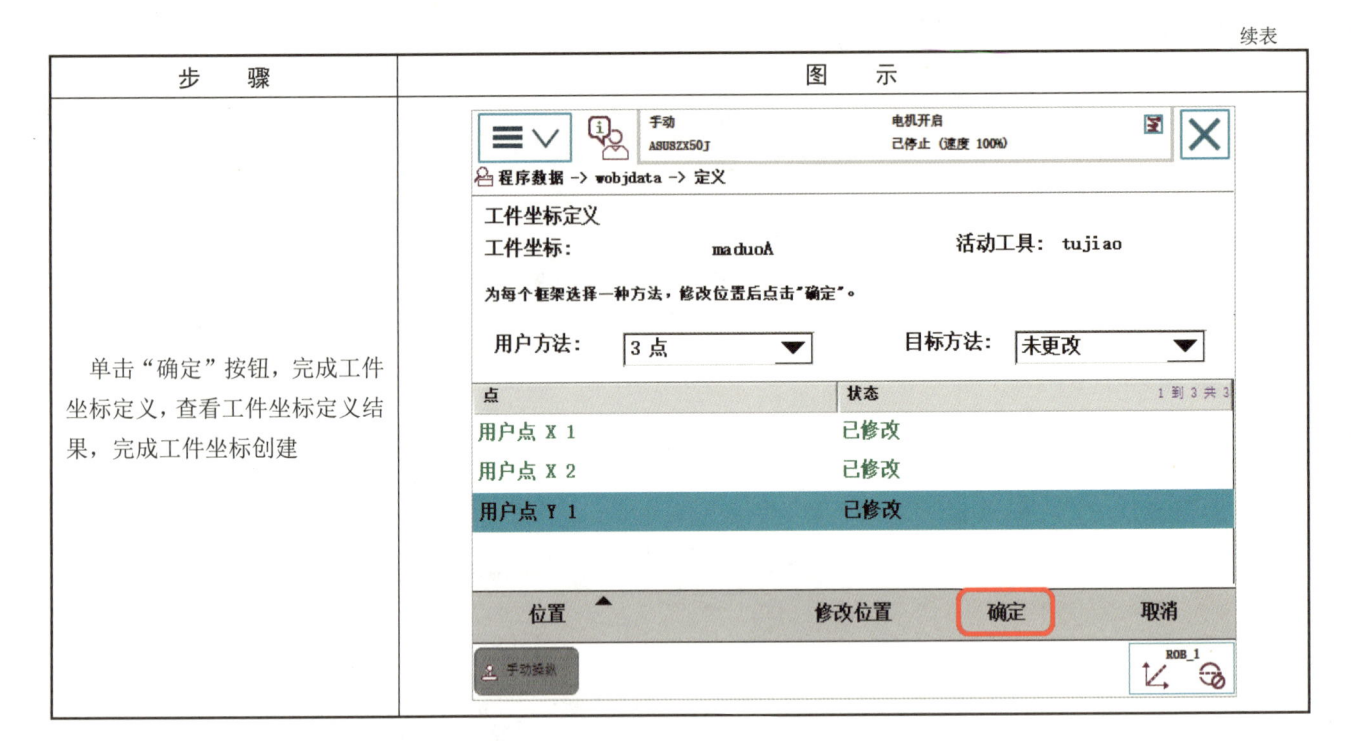

步　　骤	图　　示
单击"确定"按钮，完成工件坐标定义，查看工件坐标定义结果，完成工件坐标创建	工件坐标定义，用户方法：3 点，目标方法：未更改；用户点 X 1 已修改；用户点 X 2 已修改；用户点 Y 1 已修改

2）调整吸盘工具姿态

由于采用双吸盘抓取设计，夹具倾斜会漏真空，所以在示教物料的抓取位置之前应调整吸盘工具的姿态，如图 3-17 所示。

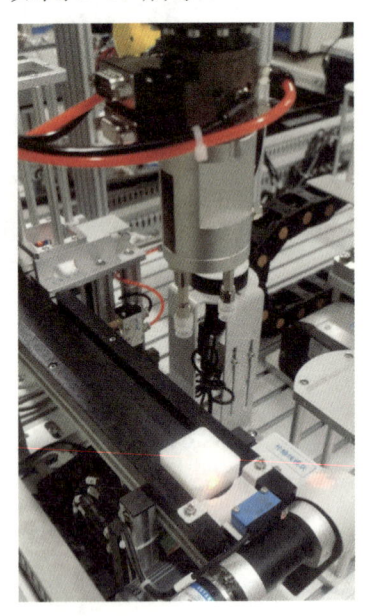

图 3-17　调整吸盘工具的姿态

调整吸盘工具的姿态需要用到"对准"功能，同时在"手动操纵"选区对以下参数进行设置。

（1）坐标系设置为"工件坐标"，可以使工业机器人沿工件坐标系的 X 轴、Y 轴和 Z 轴进行线性运动。

（2）工件坐标设置为"maduoA"，可以使位置数据的参照坐标系为工件坐标系。调整吸盘工具姿态的操作步骤如表 3-14 所示。

表 3-14 调整吸盘工具姿态的操作步骤

步　　骤	图　　示
选择"工件坐标"选项	
选中"maduoA"，单击"确定"按钮	
单击左下角的"对准…"按钮	

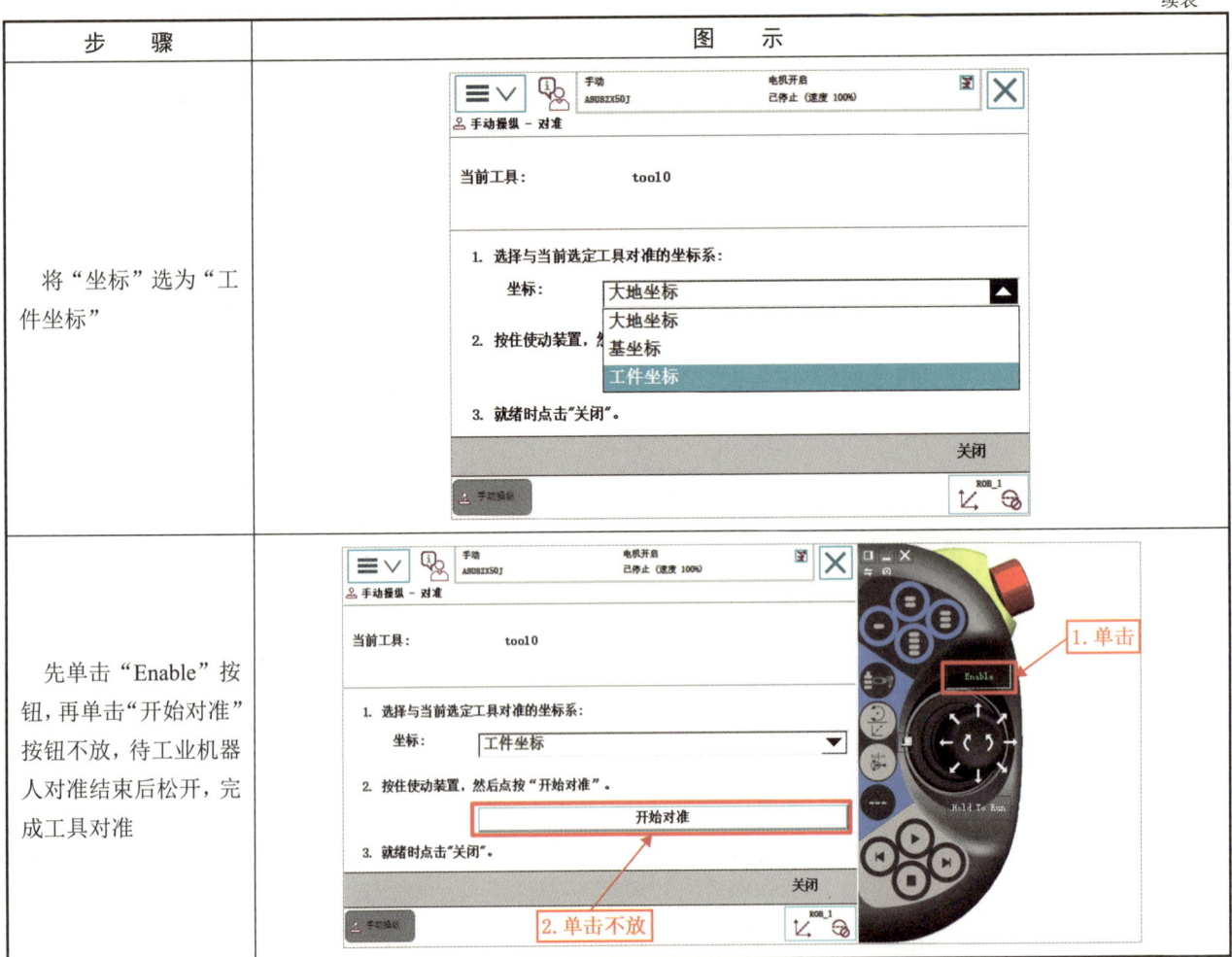

步　　骤	图　　示
将"坐标"选为"工件坐标"	
先单击"Enable"按钮，再单击"开始对准"按钮不放，待工业机器人对准结束后松开，完成工具对准	

同理，在示教码垛平台的 8 个物料位置前也需要调整吸盘工具姿态，此时需要修改工件坐标为"maduoB"。

3）示教物料的抓取位置

在完成吸盘工具姿态调整后，创建位置数据"wzA"，利用线性或关节运动模式手动操作工业机器人示教物料的抓取位置，如图 3-18 所示。

图 3-18　示教物料的抓取位置

同理，在示教码垛平台的位置"wzB"时，需要将坐标系设置为"工件坐标"，工件坐标设置为"maduoB"，来完成吸盘工具姿态的调整。

3．编写码放物料的程序。

根据码放物料的工作过程，得到参考程序如下。

```
proc main ()
MoveAbsJ homeNoEoffs,v1000,z50,tool0;
MoveJ Offs (wzA,0,0,100),v1000,z20,tool0\wobj:=maduoA;
!传输线过渡点
MoveL Offs (wzA,0,0,30),v100,fine,tool\wobj:=maduoA;
!传输线接近点
MoveL wzA,v20,fine,tool0\wobj:=maduoA;
!传输线第1块物料
Waittime 0.5;
Set DO03;
Waittime 0.5;
MoveL Offs (wzA,0,0,30),v20,fine,tool0\wobj:=maduoA;
MoveL Offs (wzA,0,0,100),v100,z20,tool0\wobj:=maduoA;
MoveJ Offs (wzB,0,0,30),v100,fine.tool0\wobj:=maduoB;
!平台B1号位接近点
MoveL wzB,v20,fine,tool0\wobj:=maduoB;
!平台B1号位置
Waittime 0.5;
Reset 04;
Waittime 0.5;
MoveL Offs (wzB,0.0.30),v20,fine,tool0\wobj:=maduoB;
MoveJ Offs (wzA,0,0,100),v1000,z20,tool0\wobi:=maduoA;
MoveL Offs (wzA,0,0,30),v100,fine,tool0\wobj:=maduoA;
MoveL WZA,v20.fine,toollwobj:=maduoA;
Waittime 0.5;
Set DO03;
Waittime 0.5;
MoveL Offs (wzA,0,0,30),v20,fine,tool0\wobj:=maduoA:
MoveL Offs (wzA,00,100),v100,z20,tool0\wobj:=maduoA;
MoveJ Offs (wzB,0,32.5,30),v100fine,tool0\wobj:=maduoB:
!码垛平台位置接近点
MoveL Offs (wzB,0,32.5,0),v20,fine,tool0\wobj:=maduoB;
!码垛平台位置
Waittime 0.5;
Reset DO03;
Waittime 0.5;
MoveL Offs (wzB,0,32.5,30),v20,fine,tool0\wobj:=maduoB;
MoveJ Offs (wzA,0,0,100),v100,z20,tool0\wobj:=maduoA;
MoveL Offs (wzA,0,0,30),v100,fine,tool0\wobj:=maduoA;
MoveL wzA,v20,fine,tool0\wobj:=maduoA;
Waittime 0.5;
Set DO03;
```

```
Waittime 0.5:
MoveL Offs (wzA,0,0,30),v20,fine,\tool0wobj:=maduoA;
MoveL Offs (wzA,0,0,100),v100,z20,tool0\wobj:=maduoA;
MoveJ Offs (wzB,0,0,45),v100,fine,tool0\wobj:=maduoB;
!码垛平台B4位置接近点
MoveL Offs (wzB,0,0,15),v20,fine,tool0\wobj:=maduoB;
!码垛平台B4位置
Waittime 0.5;
Reset DO03;
Waittime 0.5;
MoveL Offs (wzB,0,0,45),v20,fine,tool0\wobj:=maduoB;
MoveJ Offs (wzA,0,0,100),v1000,z20,tool0\wobj:=maduoA;
MoveAbsJ home\NoEoffs,v1000,z50,tool0;
endproc
```

4. 调试码放物料的程序。

完成程序的编辑后,需要通过上机运行来验证结果的正确性,并将过程记录在表3-15中。

表3-15 调试码放物料程序记录

序 号	操 作 内 容	完 成 情 况	
1	接入主电源,检查正常后通电	□ 完成	□ 未完成
2	通信单元I/O信号设定	□ 完成	□ 未完成
3	创建工件坐标"maduoA"	□ 完成	□ 未完成
4	示教位置"wzA"	□ 完成	□ 未完成
5	创建工件坐标"maduoB"	□ 完成	□ 未完成
6	示教位置"wzB"	□ 完成	□ 未完成
7	安装吸盘工具	□ 完成	□ 未完成
8	抓取码垛传输线的物料	□ 完成	□ 未完成
9	摆放物料到码垛平台的1号位置	□ 完成	□ 未完成
10	抓取码垛传输线的物料	□ 完成	□ 未完成
11	摆放物料到码垛平台的2号位置	□ 完成	□ 未完成
12	抓取码垛传输线的物料	□ 完成	□ 未完成
13	摆放物料到码垛平台的4号位置	□ 完成	□ 未完成
14	拆卸吸盘工具	□ 完成	□ 未完成

记录人:_____

任务评价

班级：_____
小组：_____
姓名：_____

总分：_____
（总分=学生自评成绩×20%+小组互评成绩×30%+教师评价成绩×50%）
指导老师：_____ 日期：_____

评价项目	评价标准	评价依据	学生自评（20%）	小组互评（30%）	教师评价（50%）	配分
职业素养	1. 遵守企业规章制度、劳动纪律 2. 按时、按质完成工作任务 3. 积极主动承担工作任务，勤学好问 4. 注意人身安全与设备安全 5. 工作岗位"6S"的完成情况	1. 出勤 2. 工作态度 3. 劳动纪律 4. 团队协作精神				30
专业能力	1. 能正确配置码垛工业机器人的I/O信号 2. 能正确示教码放物料的位置 3. 能根据要求编写码放物料的程序并调试成功	1. 工作页完成情况 2. 小组分工情况				50
创新能力	1. 在任务完成过程中能提出有价值的观点 2. 在教学或生产管理上提出建议，且具有创新性	1. 观点的合理性和意义 2. 建议的可行性 3. 创建正确，步骤完整				20
合计						100

项目总结

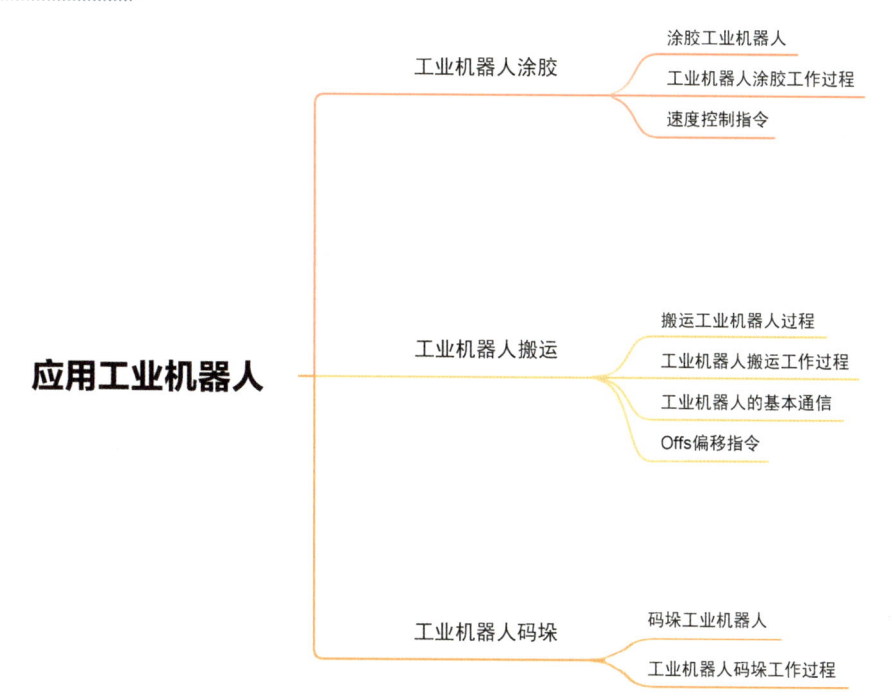

应用工业机器人
- 工业机器人涂胶
  - 涂胶工业机器人
  - 工业机器人涂胶工作过程
  - 速度控制指令
- 工业机器人搬运
  - 搬运工业机器人过程
  - 工业机器人搬运工作过程
  - 工业机器人的基本通信
  - Offs偏移指令
- 工业机器人码垛
  - 码垛工业机器人
  - 工业机器人码垛工作过程

项目四

仿真工业机器人

项目导入

区别于工业机器人的示教编程，工业机器人离线编程误差容忍度高、抗干扰性强、适应更多复杂任务，能提升生产线良率和换线效率，因此离线编程技术将成为工业机器人行业的重要发展方向之一，也将为工业机器人行业带来更多的市场机遇和竞争优势。本项目将介绍 ABB 公司研发的 RobotStudio 工业机器人仿真软件，主要讲解该软件的主要功能，并利用软件创建、布局虚拟的工业机器人工作系统。

项目实施

任务 4.1 认识 RobotStudio 软件

任务目标

1．能了解 RobotStudio 软件的主要功能。
2．能掌握软件的基本使用方法。
3．能按步骤创建虚拟工业机器人。

知识探究

4.1.1 RobotStudio 软件介绍

RobotStudio 软件为 ABB 公司开发的软件，它使用图形化编程来编辑和调试工业机器人系统以创建工业机器人的运行轨迹，并模拟优化现有的工业机器人程序。软件支持各种主流 CAD 格式的三维数据，且具有路径自动跟踪、离线程序编辑、路径优化、可达性分析、碰撞检测等功能。工业机器人程序不需要进行任何转换便可被直接下载到实际工业机器人系统中使用，编程效率大大提升。

RobotStudio 软件具有操作简单、界面友好和功能强大等优点，在行业中有广泛的应用，可用于远程维护和故障排除。

RobotStudio 软件的主要功能如下。

1. CAD 格式导入数据

RobotStudio 软件可轻易地以 CAD 格式导入数据，通过使用此类非常精确的 3D 模型数据，可以生成更为精确的控制程序，从而提高产品质量。

2. 自动路径生成

RobotStudio 软件通过使用待加工部件的 CAD 模型，可在短时间内自动生成指定曲线所需的各个位置数据，极大地提升工业生产效率。

3. 自动伸展能力

RobotStudio 软件可让操作者灵活地移动工业机器人和设备等模型，从而使工业机器人能到达所有的指定位置，并优化工作站的布局。

4. 碰撞检测

RobotStudio 软件可对工业机器人在运动过程中是否会与周边设备发生碰撞进行验证与确认，以确保工业机器人安全运行。

5. 在线作业

RobotStudio 软件能与真实的工业机器人进行通信连接，可对工业机器人进行实时监控、程序修改、参数设定、文件传送及备份恢复等操作，使调试与维护工作变得更加轻松。

6. 应用功能包

RobotStudio 软件针对不同的工业应用，专门推出了功能强大的应用功能包，从而使工业机器人能更好地与工艺应用进行有效的融合。

> **思政贴示**
>
> 工业机器人仿真就像是一个魔法般的虚拟世界，通过计算机软件创建出一个仿真环境，将真实的工厂场景和工业机器人操作搬到计算机屏幕上。在这个虚拟世界中，人们可以模拟工业机器人的动作、工作流程，甚至感受工业机器人和环境的互动。工业机器人仿真为人们提供了一个实验和优化的平台。尤其是当下，随着工业互联网技术的整体发展，生产过程智能、车间管理智能越来越受到制造业的重视。

以数字孪生和虚拟仿真技术为核心，针对工业机器人的运动仿真具有更加直接和现实的意义。一方面，工业机器人的教学和轨迹规划仿真系统，能完成计划运行轨迹实验，检查轨迹的正确性和安全性，以避免碰撞，在实际操作中减少损失，节省人力、物力和成本。另一方面，工业机器人的教学和轨迹规划仿真系统也为科研人员和教学人员提供了一个开放的平台，可以促进工业机器人控制方法的设计，以及满足日常的教学和培训需求。

未来，随着 AI 大模型技术的不断迭代发展，结合数字孪生、VR 及 AI 视觉技术能够更加方便研究人员持续丰富、完善虚拟仿真场景，构建应对复杂场景和工况的数字孪生平台，为制造业提供更多智能化的解决方案。

4.1.2 认识 RobotStudio 软件界面

RobotStudio 软件界面主要分为 6 个区域：选项卡功能区、命令组区、操作面板区、图形显示窗口区、输出窗口区及指令区，如图 4-1 所示。

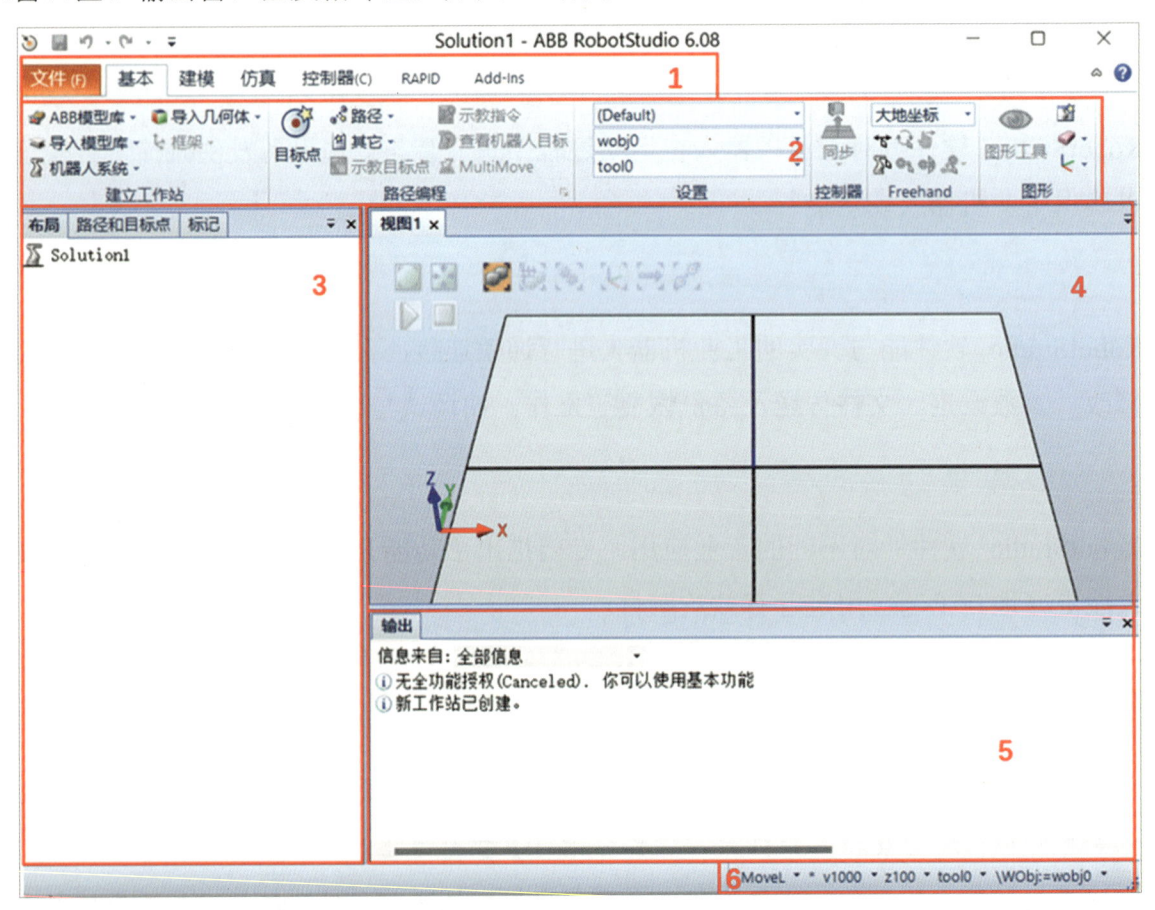

1—选项卡功能区；2—命令组区；3—操作面板区；4—图形显示窗口区；5—输出窗口区；6—指令区

图 4-1　RobotStudio 软件界面

RobotStudio 软件的选项卡如下。

1. "文件"选项卡

"文件"选项卡如图 4-2 所示，包含"保存"、"保存为"、"打开"、"关闭工作站"、"信息"、"最近"和"新建"等选项。

图 4-2 "文件"选项卡

2. "基本"选项卡

"基本"选项卡如图 4-3 所示，包含建立工作站、路径编程和设置等相关的控件。

图 4-3 "基本"选项卡

（1）"建立工作站"组包括"ABB 模型库"、"导入模型库"、"机器人系统"、"导入几何体"和"框架"选项。其中"ABB 模型库"有导入 ABB 工业机器人模型等功能，"导入模型库"有导入加工工具和工件模型等功能，"机器人系统"有创建工业机器人系统等功能。

（2）"设置"组包括任务、工件坐标和工具等。

（3）"Freehand"组包括"移动""旋转""手动关节""手动线性""手动重定位"等按钮。其中"移动"按钮具有根据参考坐标系移动工业机器人和设备等模型的功能，"旋转"按钮具有根据参考坐标系旋转工业机器人和设备等模型的功能，"手动关节"按钮用于手动操作工业机器人各关节轴进行旋转，"手动线性"按钮具有在当前工具定义的坐标系中手动操作工业机器人进行线性运动的功能，"手动重定位"按钮具有在当前工具定义的坐标系中手动操作工业机器人绕着工具 TCP 做姿态调整的功能。

3. "建模"选项卡

"建模"选项卡如图 4-4 所示，包括"创建"、"CAD 操作"、"测量"、"Freehand"和"机械"5 个组。

图 4-4 "建模"选项卡

4. "仿真"选项卡

"仿真"选项卡如图 4-5 所示，包含碰撞监控、配置、仿真控制和录制短片等所需的控件。

图 4-5 "仿真"选项卡

5. "控制器"选项卡

"控制器"选项卡如图 4-6 所示，它是管理和配置虚拟控制器的核心区域。这个虚拟控制器可在 RobotStudio 软件中模拟真实的机器人控制器的行为和功能。该选项卡提供了多种工具，用于设置、操作、监控和维护这个虚拟控制器；此外，当软件连接了真实的机器人控制器时，可使用该选项卡中的工具，将虚拟环境中完成的配置设置和程序传送给真实的机器人控制器使用。

图 4-6 "控制器"选项卡

6. "RAPID"选项卡

"RAPID"选项卡如图 4-7 所示，集成的 RAPID 编辑器用于编辑除工业机器人运动之外的其他所有工业机器人任务。

图 4-7　"RAPID"选项卡

7. "Add-Ins"选项卡

"Add-Ins"选项卡如图 4-8 所示，包括"社区"、"RobotWare"和"齿轮箱热量预测"3 个组。

图 4-8　"Add-Ins"选项卡

任务实践

学生工作页

班级：_____　　小组：_____　　组长：_____　　日期：_____

学生姓名：_____　　指导教师：_____　　成绩：_____（完成或没完成）

书写要求

（1）务必用签字笔书写，保证工作页整洁清晰。

（2）字迹工整，按框格书写，不要超出答题区域。

1. 通过使用 RobotStudio 软件，完成表 4-1 的填写。

表 4-1　识别快捷键

操　　作	快　捷　键	操　　作	快　捷　键
打开帮助文档		添加工作站系统	
打开虚拟示教器		打开工作站	
激活菜单栏		保存工作站	
屏幕截图		创建工作站	
示教运动指令		导入模型库	
示教目标点		导入几何体	

2. 创建虚拟工业机器人 IRB 120。

虚拟工业机器人工作站的核心部分是虚拟工业机器人，在 RobotStudio 软件中可以模拟出真实的使用环境。创建虚拟工业机器人的操作步骤如表 4-2 所示。

表 4-2　创建虚拟工业机器人的操作步骤表

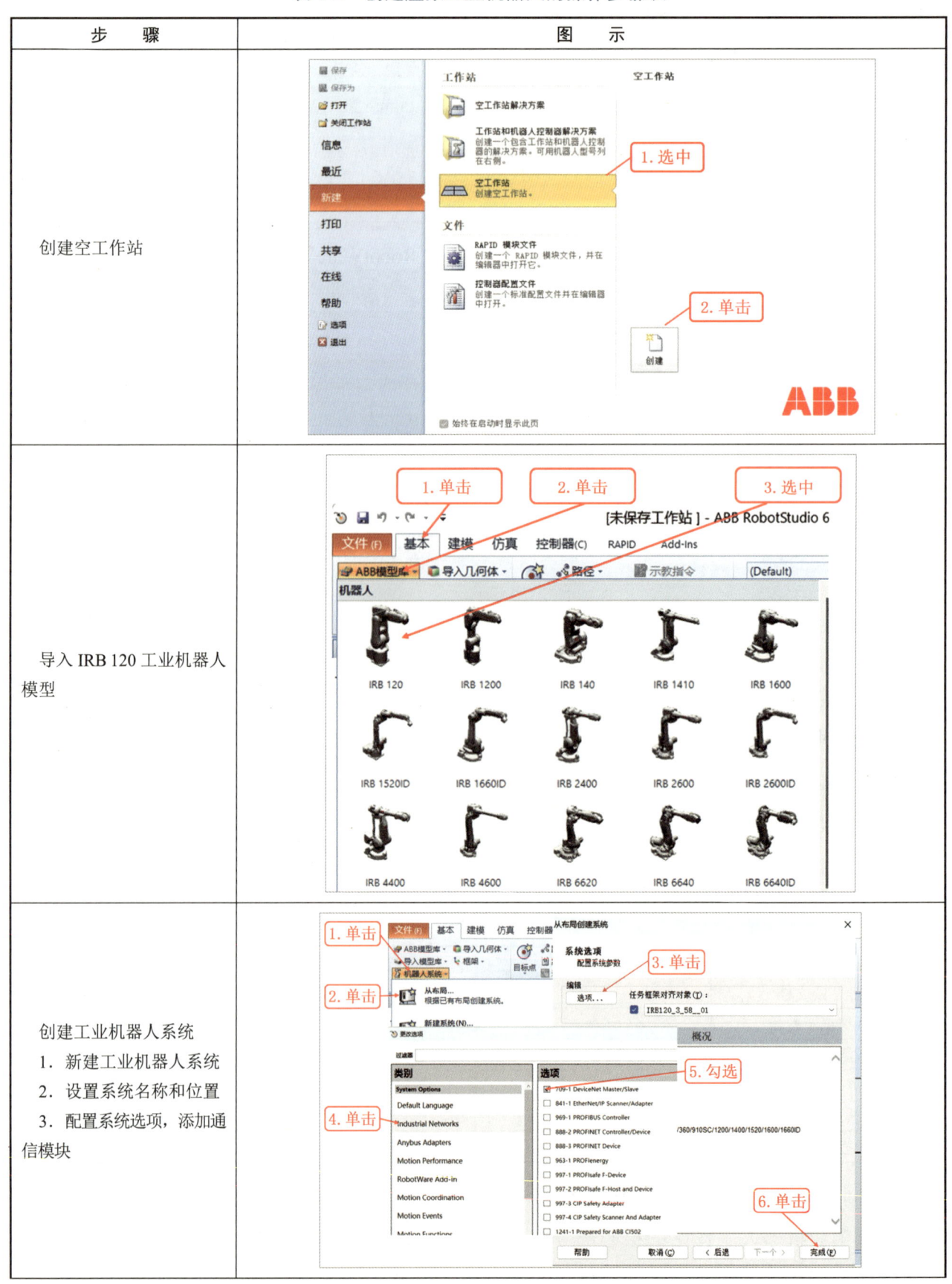

步　　骤	图　　示
创建空工作站	
导入 IRB 120 工业机器人模型	
创建工业机器人系统 1．新建工业机器人系统 2．设置系统名称和位置 3．配置系统选项，添加通信模块	

◇ 项目四 仿真工业机器人

续表

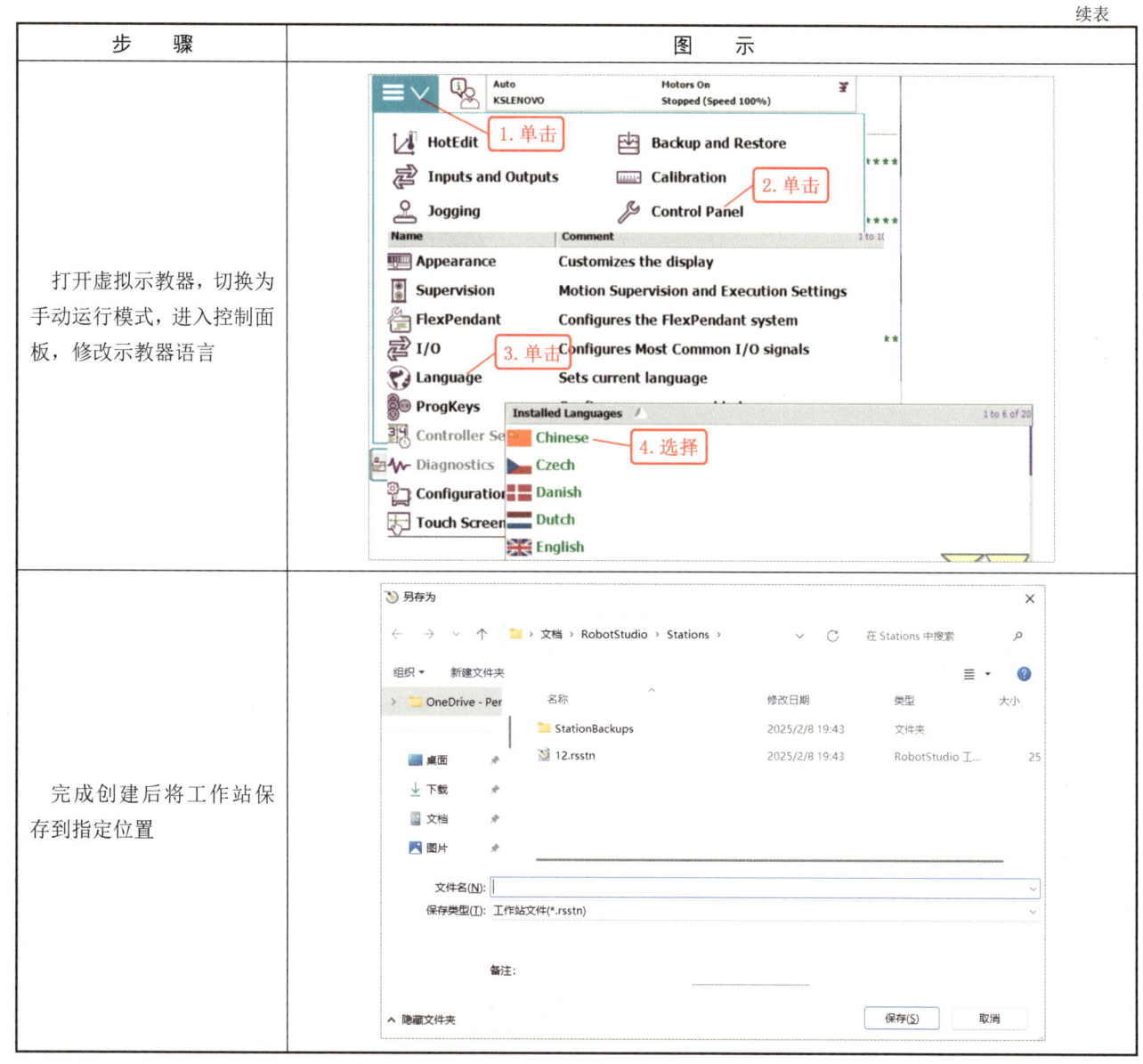

步　骤	图　示
打开虚拟示教器，切换为手动运行模式，进入控制面板，修改示教器语言	
完成创建后将工作站保存到指定位置	

将创建虚拟工业机器人 IRB 120 的操作过程记录在表 4-3 中。

表 4-3　创建虚拟工业机器人 IRB 120 的操作过程

序　号	操 作 内 容	完 成 情 况	
1	创建空工作站	□ 完成	□ 未完成
2	导入 IRB 120 工业机器人模型	□ 完成	□ 未完成
3	创建工业机器人系统	□ 完成	□ 未完成
4	设置虚拟示教器语言	□ 完成	□ 未完成

记录人：_____

3．建立简单的 RAPID 程序。

在软件中可以使用虚拟示教器进行工业机器人程序的编写，下面以编写一条绝对值运动程序为例，介绍虚拟示教器程序的编写步骤，如表 4-4 所示。

表 4-4　虚拟示教器程序的编写步骤

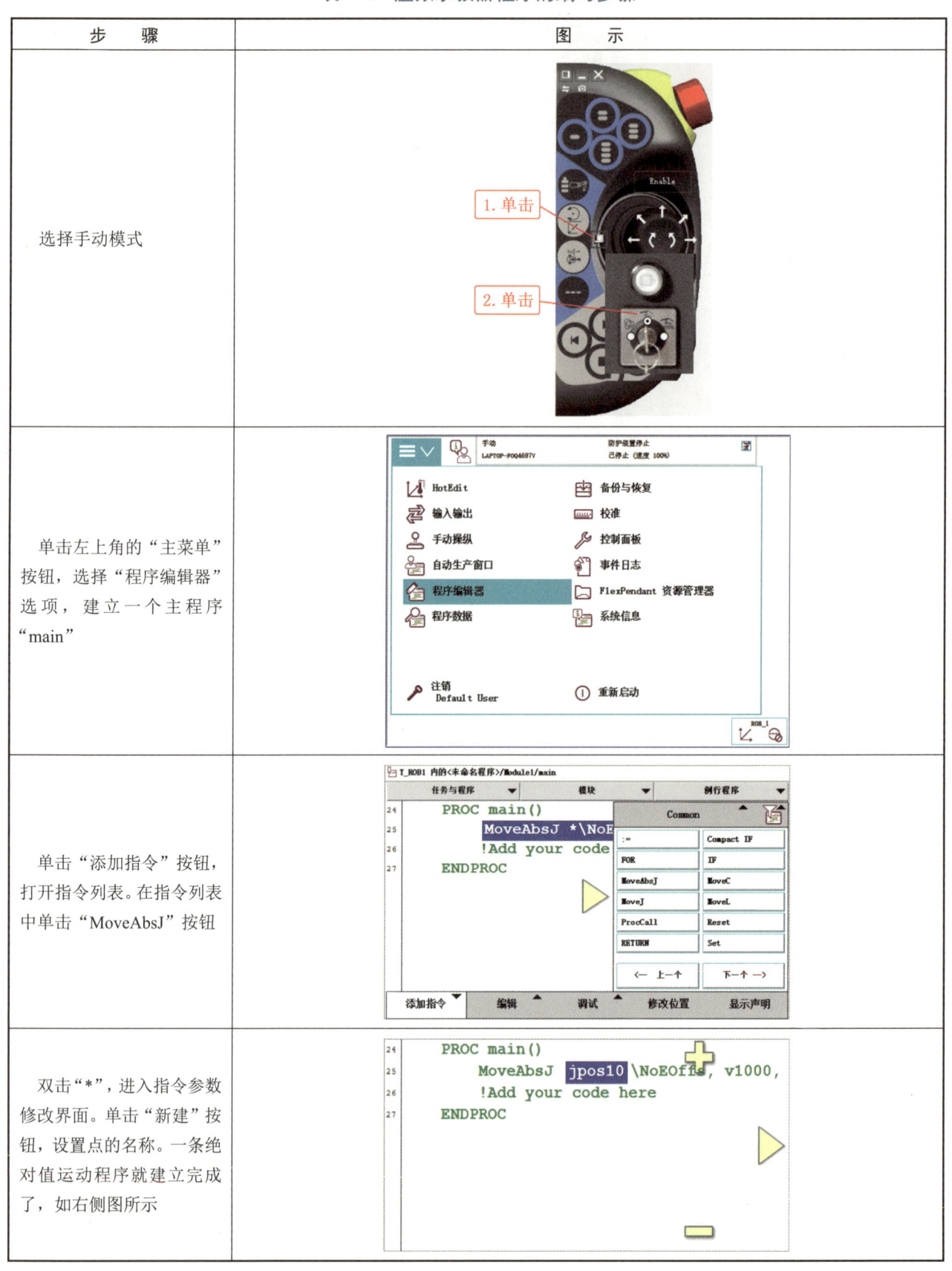

步　　骤	图　　示
选择手动模式	
单击左上角的"主菜单"按钮，选择"程序编辑器"选项，建立一个主程序"main"	
单击"添加指令"按钮，打开指令列表。在指令列表中单击"MoveAbsJ"按钮	
双击"*"，进入指令参数修改界面。单击"新建"按钮，设置点的名称。一条绝对值运动程序就建立完成了，如右侧图所示	

任务评价

班级：_____	总分：_____
小组：_____	（总分=学生自评成绩×20%+小组互评成绩×30%+教师评价成绩×50%）
姓名：_____	指导老师：_____ 日期：_____

评价项目	评价标准	评价依据	评价方式 学生自评（20%）	小组互评（30%）	教师评价（50%）	配分
职业素养	1. 遵守企业规章制度、劳动纪律 2. 按时、按质完成工作任务 3. 积极主动承担工作任务，勤学好问 4. 注意人身安全与设备安全 5. 工作岗位"6S"的完成情况	1. 出勤 2. 工作态度 3. 劳动纪律 4. 团队协作精神				30
专业能力	1. 能正确安装RobotStudio软件 2. 能够叙述RobotStudio软件的功能 3. 能够识别RobotStudio软件界面各部分的名称 4. 能创建虚拟工业机器人 5. 能在虚拟示教器中编写简单的程序	1. 工作页完成情况 2. 小组分工情况				50
创新能力	1. 在任务完成过程中能提出有价值的观点 2. 在教学或生产管理上提出建议，且具有创新性 3. 可举一反三创建虚拟工业机器人，编写较复杂的程序	1. 观点的合理性和意义 2. 建议的可行性 3. 创建正确，步骤完整				20
合计						100

任务 4.2　构建虚拟工作站

任务目标

1. 能利用键盘和鼠标调整虚拟工业机器人工作站的视图。
2. 能导入加工工具和工件模型。
3. 能使用 Freehand 功能调整各个模型的位置。

扫码看视频

知识探究

4.2.1　调整工作站视图

在布局虚拟工业机器人工作站时，需要观察和调整各个模型的位置，使虚拟工业机器人工作站的整体布局更加紧凑、合理。此时，就可以通过键盘和鼠标的组合来调整工作站视图，以获取不同的视角，从而便于调整各个模型的位置。

键盘和鼠标的组合功能如表 4-5 所示。

表 4-5　键盘和鼠标的组合功能

目　　的	使用键盘/鼠标或它们的组合	说　　明
选择项目	鼠标左键	只需单击要选择的项目即可
旋转工作站	Ctrl+Shift+鼠标左键	按 Ctrl+Shift 及鼠标左键的同时，拖动鼠标对工作站进行旋转
平移工作站	Ctrl+鼠标左键	按 Ctrl 键及鼠标左键的同时，拖动鼠标对工作站进行平移
缩放工作站	Ctrl+鼠标右键	按 Ctrl 键及鼠标右键的同时，将鼠标拖至左侧（右侧）可以缩小（放大）
使用窗口缩放	Shift+鼠标右键	按 Shift 键及鼠标右键的同时，拖动鼠标框选（覆盖）要缩放的区域
使用窗口选择	Shift+鼠标左键	按 Shift 键及鼠标左键的同时，拖动鼠标框选该区域，以选择与当前层级匹配的所有项目

4.2.2　创建目标点和路径

在 RobotStudio 软件中对工业机器人的动作进行编程时，需要使用目标点（位置）和路径（向目标点移动）的指令序列。将 RobotStudio 工作站同步到虚拟控制器时，路径将转换为相应的 RAPID 程序。

目标点是工业机器人要达到的坐标，它通常包含位置、方向和配置信息。位置是指目标点在工件坐标系中的相对位置；方向是指目标点的方向，以工件坐标的方向为参照。当机器人到达目标点时，它会将 TCP 的方向对准目标点的方向。配置信息是用于指定工业机器人要如何到达目标点的配置值。

路径指向目标点移动的指令顺序。工业机器人将按路径中定义的目标点顺序移动。路径信息同步到虚拟控制器后将转换为例行程序。移动指令参数包括参考目标点、动作数据（如动作类型、度和区域）、参考工具数据和参考工作对象。动作指令用于设置和更改参数的 RAPID 字符串。动作指令可插入路径中的指令目标之前、之后或之间。

1. 创建目标点

在"创建目标点"对话框中输入目标点的位置，或在图形窗口中单击手动新建目标点，目标点将创建在当前使用的工作对象内。创建目标点的步骤如下。

（1）在布局浏览器中，选择想创建目标点的工件坐标。

（2）单击"创建目标点"按钮，打开对话框。

（3）选择想移动目标点所需的参考坐标系。

(4) 在点列表中首先新建点，然后在图形窗口中设置目标点的位置；也可以先在位置框中输入值，然后添加点。

(5) 输入目标点的方向值。在图形窗口所选目标点处将会显示初设叉号。如果有必要，那么可以调整该位置。要创建目标，可以单击"创建"按钮。

(6) 如果要更改准备创建目标的工作对象，那么可以单击"更多"按钮，打开"创建目标点"对话框，在工作对象列表中选择要创建目标的工作对象。

(7) 如果要更改目标点的默认名称，那么可以单击"更多"按钮，打开"创建目标点"对话框，在目标点名称框内输入新的名称。

(8) 单击"创建"按钮，目标点将显示在浏览器和图形窗口中。

小贴士：需要注意的是，新创建的目标点没有定义机器人关节配置值。要给目标点定义机器人关节配置值，需要使用 ModPos 或配置对话框。如果使用外轴，那么所有活动外轴的位置都将存储在目标点内。

2. 创建路径

路径由一组包含运动指令的目标点组成。在活动任务中将创建空路径。如果工件的曲线或轮廓与要创建的路径相符，那么可以自动创建路径。使用由曲线生成路径命令，沿现有曲线添加目标点和指令完成整个路径。

1) 反转路径

使用反转路径命令可以改变路径内目标点的序列，使工业机器人从最后一个目标点移动到第一个目标点。反转路径时，可以选择仅反转目标点顺序或反转整个运动过程。

2) 旋转路径

通过旋转路径命令可以旋转整个路径并移动路径所使用的目标点。旋转路径时，路径中目标点轴的配置将会丢失。在启动旋转路径命令前，必须存在可以绕其旋转的框架或目标点。

3) 转换路径

使用转换路径命令可以移动路径和其包含的所有目标。

4) 补偿旋转工具半径的路径

操作人员可以偏移路径，以便于补偿旋转工具的半径。由于路径中的目标点已发生移动，因此目标点的轴配置信息将会丢失。

5) 路径插值

使用路径插值命令可以重新定向路径中的目标，使起始目标和终止目标之间的方位差均匀分布在两个目标之间。内插既可以是线性内插，也可以是绝对内插。线性内插根据目标点沿路径长度的位置均匀地分布方位差。绝对内插根据目标点在路径中的序列均匀地分布方位差。

4.2.3 配置机器人轴

1. 轴配置

目标点定义并存储为 WorkObject 坐标系内的坐标。使用控制器计算出工业机器人到达目标点时轴的位置，一般会找到多个配置机器人轴的解决方案。

为了区分不同配置，所有目标点都有一个配置值，用于指定每个轴所在的四元数。在目标点中存储轴配置，对于那些将工业机器人微动调整到所需位置之后示教的目标点，所使用的配置值将存储在目标中。凡是通过指定或计算位置和方位创建的目标，都会获得默认的配置值 [0,0,0,0]，该值可能对工业机器人到达目标点无效。

2. 轴配置的常见问题

在多数情况下如果创建目标点使用的方法不是微动控制，那么将无法获得这些目标的默认配置。即使路径中的所有目标都已验证配置，如果工业机器人无法在设定的配置之间移动，那么运行该路径时可能也会遇到问题。如果轴在线性移动期间移位幅度超过 90°，那么也会发生这种情况。重定向目标点保留其配置，但不再验证这些配置。因此，移动到目标点时，可能会出现上述问题。

3. 轴配置问题的常用解决方案

要解决上述问题，可以为每个目标点指定一个有效配置，并确定工业机器人可沿各个路径移场。此外，可以关闭配置监控，也就是忽略存储的配置，使工业机器人在运行时找到有效配置。如果操作不当，那么可能无法获得预期结果。

在某些情况下，可能不存在有效配置。为此，可行的解决方案是重新定位工件，重新定值标点（如果过程接受），或者添加外轴以移动工件或工业机器人，从而提高可到达性。

任务实践

学生工作页

班级：_____ 小组：_____ 组长：_____ 日期：_____

学生姓名：_____ 指导教师：_____ 成绩：_____（完成或没完成）

书写要求

（1）务必用签字笔书写，保证工作页整洁清晰。
（2）字迹工整，按框格书写，不要超出答题区域。

1. 布局虚拟工业机器人工作站。

导入工业机器人后，还要为工业机器人添加合适的工具和工件，并调整工业机器人姿态，

◇ 项目四 仿真工业机器人

调整工件和工业机器人的相对位置，使工业机器人能到达所有的指定位置。布局虚拟工业机器人工作站的操作步骤如表 4-6 所示。

表 4-6 布局虚拟工业机器人工作站的操作步骤

步　　骤	图　　示
导入加工工具"myTool"	
将导入工具安装到虚拟工业机器人上	
通过"机械装置手动关节"按钮调整虚拟工业机器人姿态，使虚拟工业机器人的第 5 关节轴角度为 50°，其余关节轴角度均为 0°	

| 123

续表

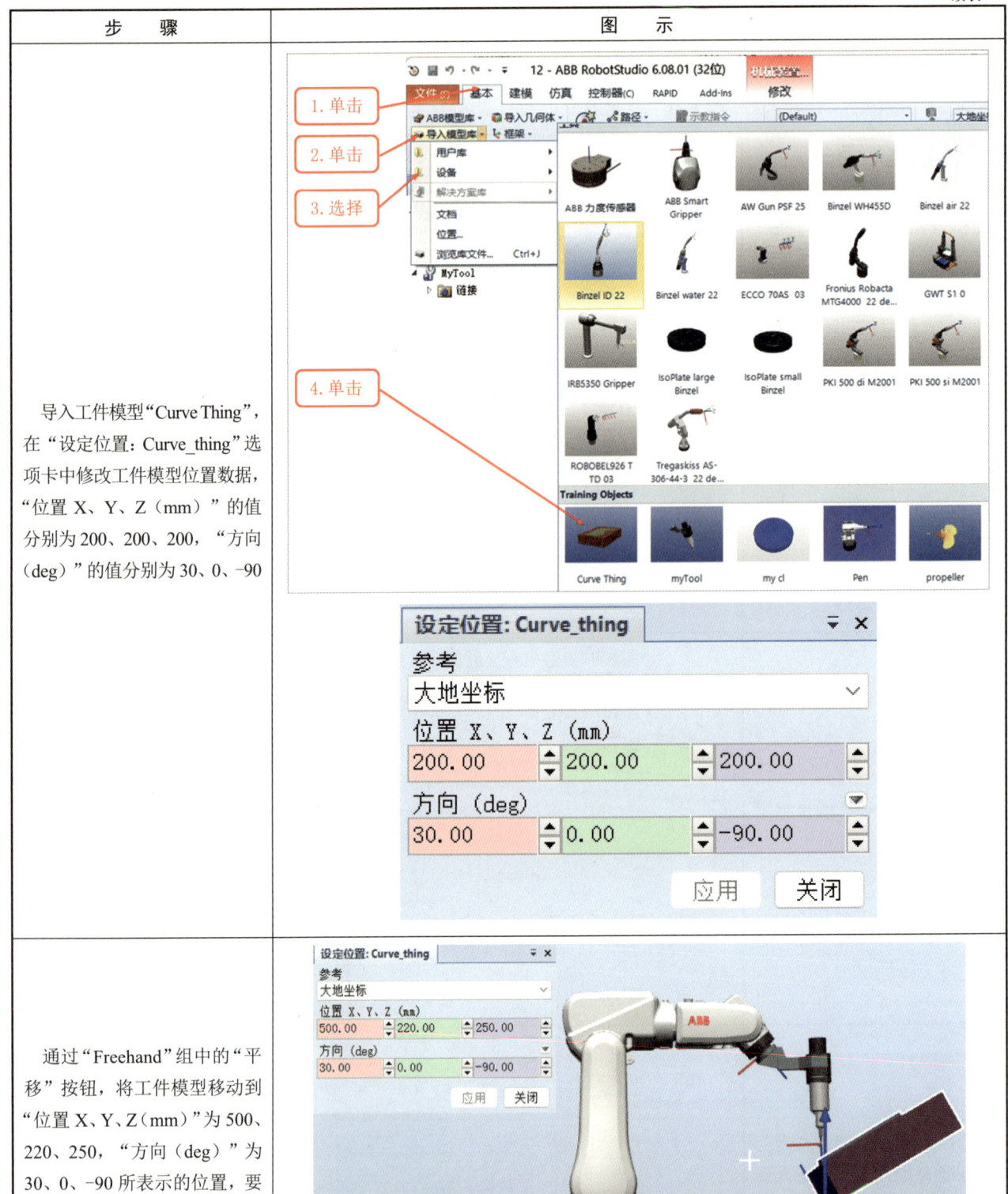

步　　骤	图　　示
导入工件模型"Curve Thing"，在"设定位置：Curve_thing"选项卡中修改工件模型位置数据，"位置 X、Y、Z（mm）"的值分别为 200、200、200，"方向（deg）"的值分别为 30、0、-90	
通过"Freehand"组中的"平移"按钮，将工件模型移动到"位置 X、Y、Z（mm）"为 500、220、250，"方向（deg）"为 30、0、-90 所表示的位置，要求位置误差不超过 1mm	

续表

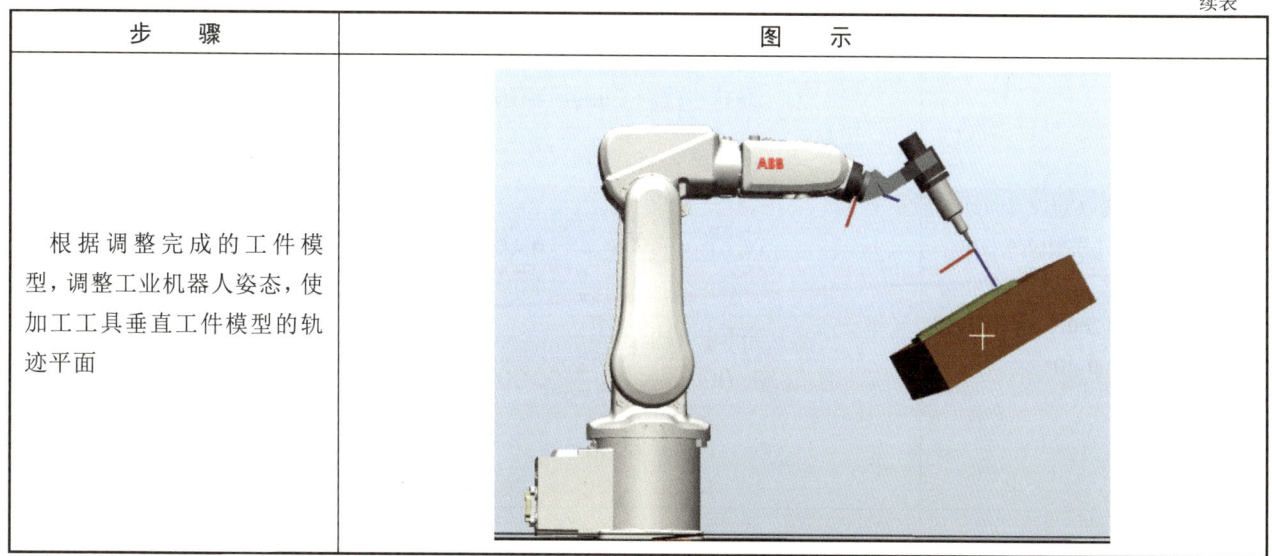

步　骤	图　示
根据调整完成的工件模型，调整工业机器人姿态，使加工工具垂直工件模型的轨迹平面	

将布局虚拟工业机器人 IRB 120 工作站的操作过程记录在表 4-7 中。

表 4-7　布局虚拟工业机器人 IRB 120 工作站的操作过程

序　号	操 作 内 容	完　成　情　况	
1	导入加工工件"myTool"并安装	□ 完成	□ 未完成
2	调整虚拟工业机器人姿态	□ 完成	□ 未完成
3	导入工件模型并修改位置数据	□ 完成	□ 未完成
4	根据位置和方向要求调整工件模型位置	□ 完成	□ 未完成
5	根据工件模型位置调整虚拟工业机器人姿态	□ 完成	□ 未完成

记录人：_____

2. 调整工件模型摆放位置。

通过调整工业机器人姿态和修改工件位置数据，控制加工工具到达 A、B、C、D 4 个工件模型的边角位置，如表 4-8 所示。

表 4-8　调整工业机器人姿态和修改工件位置数据

步　骤	图　示
通过"机械装置手动关节"按钮调整工业机器人姿态，使虚拟工业机器人的第 5 关节轴角度为 50°，其余关节轴角度均为 0°	

续表

步　骤	图　示
在"设定位置：Curve_thing"选项卡中修改工件模型位置数据，"位置X、Y、Z（mm）"的值分别为250、-150、200，"方向（deg）"的值分别为0、0、0	
通过"Freehand"组中的"手动线性"按钮结合捕捉模式，控制加工工具到达A、B、C、D 4个工件模型的边角位置	
完成工件模型摆放位置的检测后，保存工作站到指定位置	

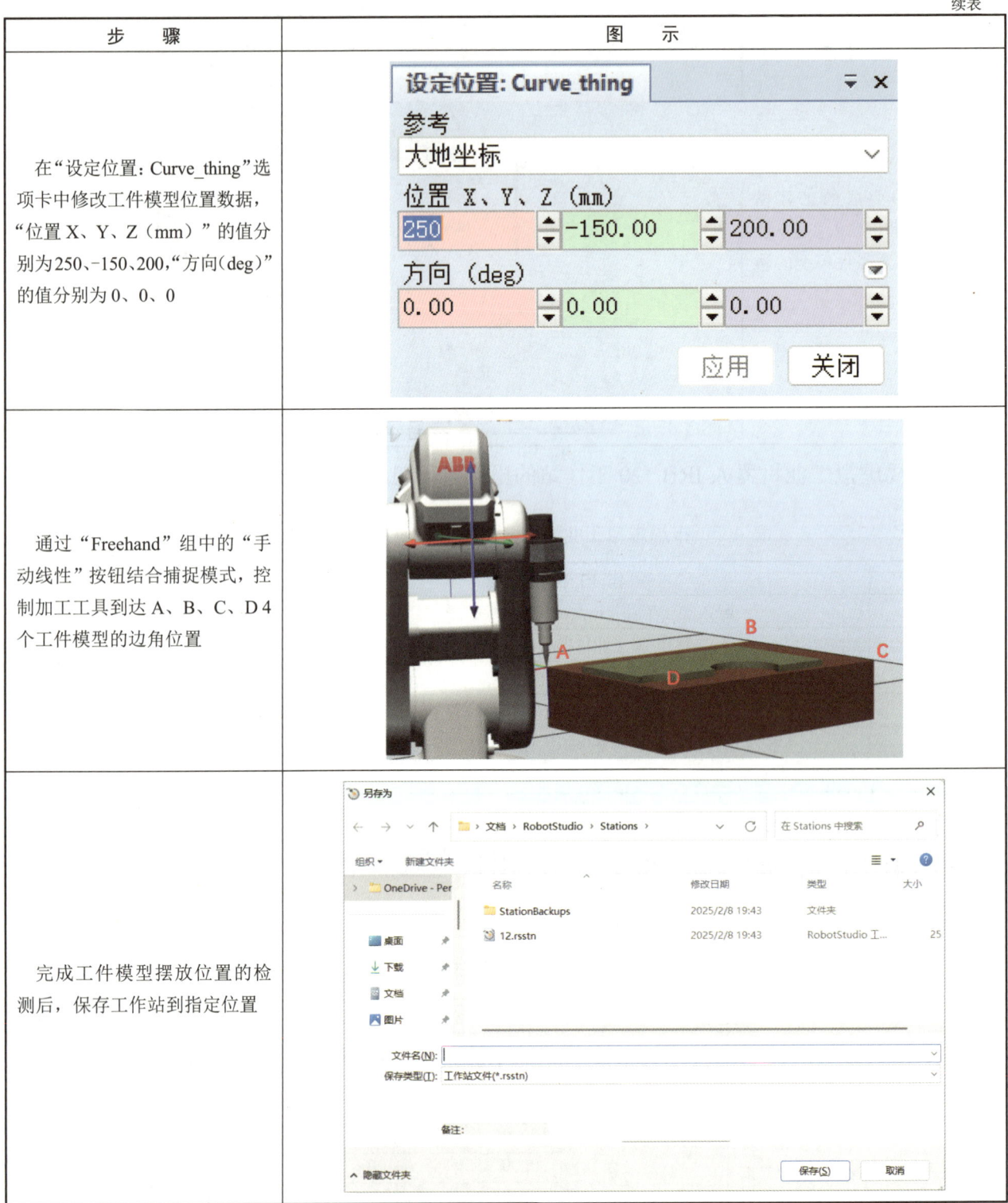

将检测工件模型摆放的操作过程记录在表4-9中。

表4-9　检测工件模型摆放的操作过程

序　号	操 作 内 容	完 成 情 况
1	导入加工工具并安装	□ 完成　　□ 未完成

续表

序　号	操　作　内　容	完　成　情　况	
2	调整虚拟工业机器人姿态	□ 完成	□ 未完成
3	修改工件模型位置数据	□ 完成	□ 未完成
4	控制加工工具到达 A、B、C、D 4 个工件模型的边角位置	□ 完成	□ 未完成
		记录人：_____	

3．对齐导入的两个模型。

先在虚拟工业机器人系统中导入"Curve Thing"和"propellertable"两个模型，然后按照下列步骤将"Curve Thing"放置到小桌子上。导入"Curve Thing"和"propellertable"两个模型的操作步骤如表 4-10 所示。

表 4-10　导入"Curve Thing"和"propellertable"两个模型的操作步骤

步　骤	图　示
在对象上右击，选择"位置"→"放置"→"两点"选项	
先选择"选择方式"→"选择部件"选项，再选择"捕捉模式"→"捕捉末端"选项	

| 127 |

续表

步　骤	图　示
单击"主点-从（mm）"的第一个坐标框，按照下面的顺序单击两个物体对齐的基准线：第一点和第二点对齐；第三点和第四点对齐	
先单击对象点位的坐标值，自动显示在框中，然后单击"应用"按钮，对象已准确对齐放置到小桌子上	

任务评价

班级：_____ 小组：_____ 姓名：_____	总分：_____ （总分=学生自评成绩×20%+小组互评成绩×30%+教师评价成绩×50%） 指导老师：_____ 日期：_____

评价项目	评价标准	评价依据	评价方式			配分
^	^	^	学生自评（20%）	小组互评（30%）	教师评价（50%）	^
职业素养	1. 遵守企业规章制度、劳动纪律 2. 按时、按质完成工作任务 3. 积极主动承担工作任务，勤学好问 4. 注意人身安全与设备安全 5. 工作岗位"6S"的完成情况	1. 出勤 2. 工作态度 3. 劳动纪律 4. 团队协作精神				30

续表

评价项目	评价标准	评价依据	评价方式 学生自评（20%）	评价方式 小组互评（30%）	评价方式 教师评价（50%）	配分
专业能力	1．能正确平移、缩放、旋转工作站布局 2．能导入并安装工业机器人加工工具 3．能导入工件模型并合理摆放 4．能检测工件模型摆放位置 5．能手动操作虚拟工业机器人动作	1．工作页完成情况 2．小组分工情况				50
创新能力	1．在任务完成过程中能提出有价值的观点 2．在教学或生产管理上提出建议，且具有创新性 3．可将添加的模型按照要求对齐	1．观点的合理性和意义 2．建议的可行性 3．创建正确，步骤完整				20
合　计						100

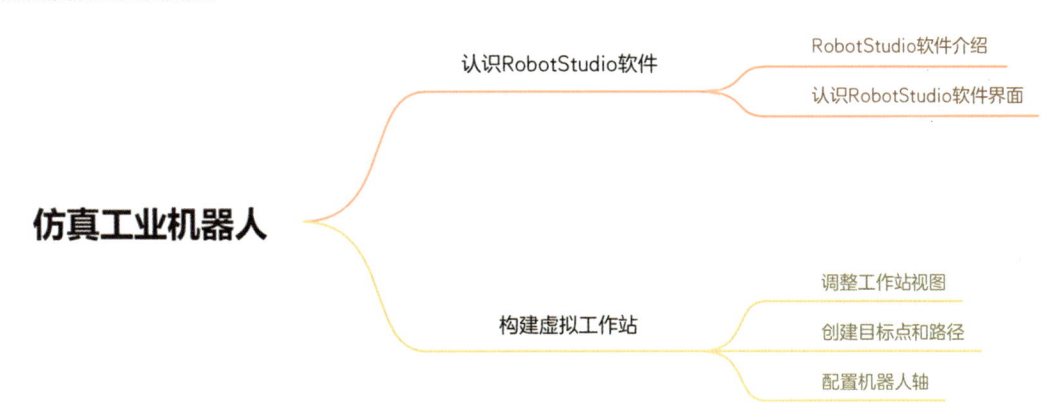

项目总结

仿真工业机器人
- 认识RobotStudio软件
  - RobotStudio软件介绍
  - 认识RobotStudio软件界面
- 构建虚拟工作站
  - 调整工作站视图
  - 创建目标点和路径
  - 配置机器人轴

项目五

拓展工业机器人

项目导入

如今，工业机器人控制系统越来越复杂，开放程度越来越高，对控制系统的通信总线技术在控制节点、传输距离、实时性等方面提出了更高的要求。为了实现控制系统的智能化、网络化、分散化，各国都对控制系统的现场通信总线技术进行了研究，成功地将以太网技术引入了现场通信总线技术，发展并形成了工业以太网。随着控制系统实时性要求的不断提高，国外研究机构提出了实时工业以太网技术，该技术已成为当前工业机器人技术的一个重要发展方向。

本项目将介绍利用 PROFINET 现场总线技术来建立 SMART-1200 与 ABB 工业机器人、欧姆龙视觉的通信。

项目实施

任务 5.1　工业机器人与 PLC 通信

任务目标

1. 能理解总线的概念。
2. 能知道 ABB 工业机器人 PROFINET 的配置方法。
3. 能编写 PLC 与 ABB 工业机器人的数据交互程序。
4. 培养探究、钻研、耐心、坚持的学习品质。

知识探究

5.1.1　总线的概念

总线是各种功能部件之间传送信息的公共通信干线，它是由导线组成的传输线束。按照计算机所传输的信息种类，计算机的总线可以划分为下列类型。

1. 数据总线

数据总线（DB）是双向三态（0/1，非0，非1）形式的总线，即它既可以把控制器CPU的数据传送到存储器或输入/输出接口等其他部件中，也可以将其他部件的数据传送到CPU中。数据总线的位数是微型计算机的一个重要指标，通常与微处理的字长一致。人们常说的32位、64位计算机指的就是数据总线的位数。

2. 地址总线

地址总线（AB）是专门用来传送地址的，由于地址只能从CPU传向外部存储器或I/O端口，所以地址总线总是单向三态的，这与数据总线不同。地址总线的位数决定了CPU可直接寻址的内存空间大小。

3. 控制总线

控制总线（CB）主要用来传送控制信号和时序信号。控制总线的传送方向由具体控制信号而定，一般是双向的，控制总线的位数要根据系统的实际控制需要而定。其实，数据总线和控制总线可以共用。

5.1.2 工业机器人常用的总线通信协议

协议一词最初用来表示"外交礼仪""条约"等。由此可知，通信协议也就是指为进行数据通信而事先确定的章程。

通信协议由表示信息结构的格式和信息交换的进程组成。格式规定了数据为何种类型、如何排列，进程则规定了数据以怎样的步骤和流向来实现信息交流。数据通信时，为了保证双方能够正确地收、发信息，应该遵循相同的通信协议。

如果不同厂商和种类的设备之间采用不同的通信协议，那么将它们连接在一起的网络将无法进行数据通信。为了保证彼此相连的不同设备之间能够进行数据通信，设备间应当使用相同的通信协议。

随着计算机、通信及控制技术的不断发展，很多控制设备都是以网络的形式来连接的，网络具备的通信功能可实现远距离的参数设置及相应的控制功能等。20世纪80年代以来，随着控制技术的全面进步，伺服控制已进入了高速、高精度控制的阶段。但是，目前还没有专用于工业机器人控制系统的通信总线，当前大部分通信总线技术可以归纳为两类：串行总线技术和实时工业以太网总线技术。在构建工业机器人系统时会根据系统的特点使用一些常用的总线协议，如DeviceNet、PROFIBUS、PROFINET、EtherNet/IP、EtherCAT等。下面将对常用的通信总线技术协议的应用及特点做出说明。

1. DeviceNet

DeviceNet 是 20 世纪 90 年代中期发展起来的一种基于 CAN（Controller Area Network）技术的开放型、符合全球工业标准的低成本、高性能的通信网络，最初由美国 Rockwell 公司开发应用。常见的 ABB 工业机器人控制器内部总线使用的就是 DeviceNet。DeviceNet 的许多特性沿袭于 CAN，是一种串行总线技术。它能够将工业设备（如限位开关、光电传感器、阀组、电动机驱动器、过程传感器、条形码读取器、变频驱动器、面板显示器和操作员接口等）连接到网络，从而消除了昂贵的硬接线成本。这种直接互联降低了设备间的通信成本，并同时提供了相当重要的设备级诊断功能，这是通过硬接线 I/O 接口很难实现的。

DeviceNet 的规范和协议都是开放的，将设备连接到系统时，无须为硬件、软件授权付费。任何对 DeviceNet 技术感兴趣的组织或个人都可以从开放式 DeviceNet 供货商协会（ODVA）获得 DeviceNet 规范，并可以加入 ODVA，参与对 DeviceNet 规范进行增补的技术工作组。

DeviceNet 的主要特点：短帧传输，每帧的最大数据为 8 位；无破坏性的逐位仲裁技术（当两个或者两个以上的不同 ID 节点同时向总线发送数据时，优先级最高的能直接发送，优先级低的会自动退回，等待空闲时再向总线发送数据，所以对于优先级最高的节点来说，发送时间就是无破坏的）；网络最多可连接 64 个节点；数据传输速率为 128 kbit/s、256 kbit/s、512 kbit/s；采用点对点、多主或主/从通信方式；采用 CAN 的物理和数据链路层规约。

2. PROFIBUS

PROFIBUS 是一种用在自动化技术领域中的现场总线标准，在 1987 年由德国西门子公司等 14 家公司及 5 个研究机构推动制定，PROFIBUS 是程序总线网络（Process Field BUS）的简称。PROFIBUS 和用在工业以太网的 PROFINET 是两种不同的通信协议。

目前的 PROFIBUS 可分为两种，分别是广泛使用的 PROFIBUS DP 和用于过程控制的 PROFIBUS PA。

（1）PROFIBUS DP（Decentralized Peripherals，分布式外围设备）应用在工厂自动化中，可以由中央控制器控制许多的传感器及执行器，也可以利用标准或选用的诊断机制得知各模块的状态。

（2）PROFIBUS PA（Process Automation，过程控制自动化）应用在过程自动化系统中，由过程控制系统监控量测设备控制，是本质安全的通信协议，可适用于防爆区域。其物理层（线缆）允许由通信缆线提供电源给现场设备，即使在有故障时也可限制电流，避免制造可能导致爆炸的情形。

PROFIBUS PA 使用的通信协议和 PROFIBUS DP 相同，只要有转换设备就可以和 PROFIBUS DP 网络连接，由速率较快的 PROFIBUS DP 作为网络主干，将信号传递给控制器。在一些需要同时处理自动化及过程控制的应用中可以同时使用 PROFIBUS DP 和 PROFIBUS PA。

3. PROFINET

PROFINET 是基于标准工业以太网技术提出的，使用了 TCP/IP 标准，可以满足现场总线和信息系统的集成，它充分满足了企业管理层和现场层通信的兼容性。PROFINET 的组成部分包括分布式自动化设备、分散式现场设备、网络安装设备、统一的通信接口、现场总线集成设备等，其核心组成部分是分散式现场设备。为了满足各种控制对象的功能需求，PROFINET 中根据通信目的不同将通信方式划分为三种类型。

（1）实时性要求不高的数据通过 TCP/UDP 在标准通道上发送，这样可以满足设备控制层与其他网络兼容互通的需求。

（2）实时性要求较高的过程数据采用实时（Real-Time，RT）通道传输，PROFINET 中的实时通信通道的利用在很大程度上减少了通信栈所用时间，缩短了过程数据-传输的周期。

（3）等时同步实时（Isochronous Real-Time，IRT）通信，它的时钟速率为 1 ms，抖动精度为 1μs，主要用于有较高时间同步要求的场合，如运动控制。

PROFINET 和 PROFIBUS 都是 PNO 推出的现场总线，但两者本身没有可比性。PROFINET 基于以太网，而 PROFIBUS 基于 RS-485 串行总线。两者在协议上由于介质的不同而完全不同，没有任何关联。但两者也有相似的地方，如都有很好的实时性，原因就在于都采用了精简的堆栈结构。基于标准以太网的任何开发都可以直接应用在 PROFINET 中，而世界上基于以太网的解决方案的开发者远远多于 PROFIBUS 的开发者，这也造成了 PROFINET 有更多可用的资源去创新技术。

5.1.3 总线通信接口

为了实施协调作业，工业机器人往往需要配备一些周边设备。但是简单的通信接口已经无法满足工业机器人系统协调作业的需要了，故而应该改用各种高速的通信接口装置。

（1）与上位机的接口。工业机器人的上位机起初通常是 PC 或 PLC，工业机器人一般通过串行通信接口 RS-232C 与上位机相连，但近年来有的已经改用并行接口，甚至一部分工业机器人已经开始采用总线连接。工业机器人可以与网络连接，因此与网络的通信显得极为重要，于是使用 Java 构建的工业机器人系统也开始得到普及，其结果是开放式工业机器人系统被推广。

（2）与传感器的接口。工业机器人系统中少不了各种传感器，所以其控制系统中也少不了传感器接口。例如，ABB IRC5 Compact 控制器就集成了紧急停止、输送链跟踪、机器视觉系统和焊缝跟踪等接口。开关继电器接口也是工业机器人常用的传感器接口。工业机器人传感器接口包括串行接口 RS-232C、并行的 AI/O 和 DI/O 接口，有的也采用了总线接口。

职业拓展

在国家政策的支持下，工业机器人行业有望继续快速发展。预计在未来十年内，工业机器人将取代大量的制造业岗位，其中我国在全球工业机器人市场中将占有相当大的比例。到 2030 年，我国可能有超过 1400 万台工业机器人被投入使用。此外，下游市场的需求增加和政府稳增长政策的推动也将促进工业机器人市场的持续扩张。

协作工业机器人在未来可能成为行业的热门话题，因为技术创新将加速国产化的步伐。新一代信息技术、生物技术、新能源技术、新材料技术等与机器人技术的深度融合，将继续推动工业机器人行业的发展。然而，需要注意的是，工业机器人产品的性质类似于数控机床，一旦市场饱和，将会产生激烈的市场竞争。因此，企业需要通过数字化升级、提高质量和效益来实现可持续发展。

总结来说，工业机器人的市场前景广阔，但同时也面临着挑战。随着技术的进步和应用的深化，工业机器人将继续为制造业带来深远影响。

任务实践

学生工作页

班级：_____ 小组：_____ 组长：_____ 日期：_____

学生姓名：_____ 指导教师：_____ 成绩：_____（完成或没完成）

书写要求

（1）务必用签字笔书写，保证工作页整洁清晰。

（2）字迹工整，按框格书写，不要超出答题区域。

1. PROFINET 主站 PLC 端配置。

通过 STEP 7-Micro/WIN SMART 软件对 PLC 主机进行 PROFINET 主站配置，具体步骤如表 5-1 所示。

表 5-1　PROFINET 主站配置的步骤

步　　骤	图　示
打开 STEP 7-Micro/WIN SMART 软件。先单击"文件"按钮，其次单击"GSDML 管理"按钮，再次单击"浏览"按钮，把提前做好的 GSD 文件导入进去，勾选全部文件。最后单击"确定"按钮	
选择"工具"→"PROFINET"选项，在弹出的对话框中勾选"控制器"复选框，PLC 的 IP 地址设定为 192.168.2.1。最后单击"下一步"按钮	
在对话框的右侧选区展开"I/O"→"ABB Robotics"选项，选择"BASIC V1.4V1.4"选项，把它拖到设备表中。"设备名"修改为"acc"，"IP 地址"改为"192.168.2.3"	

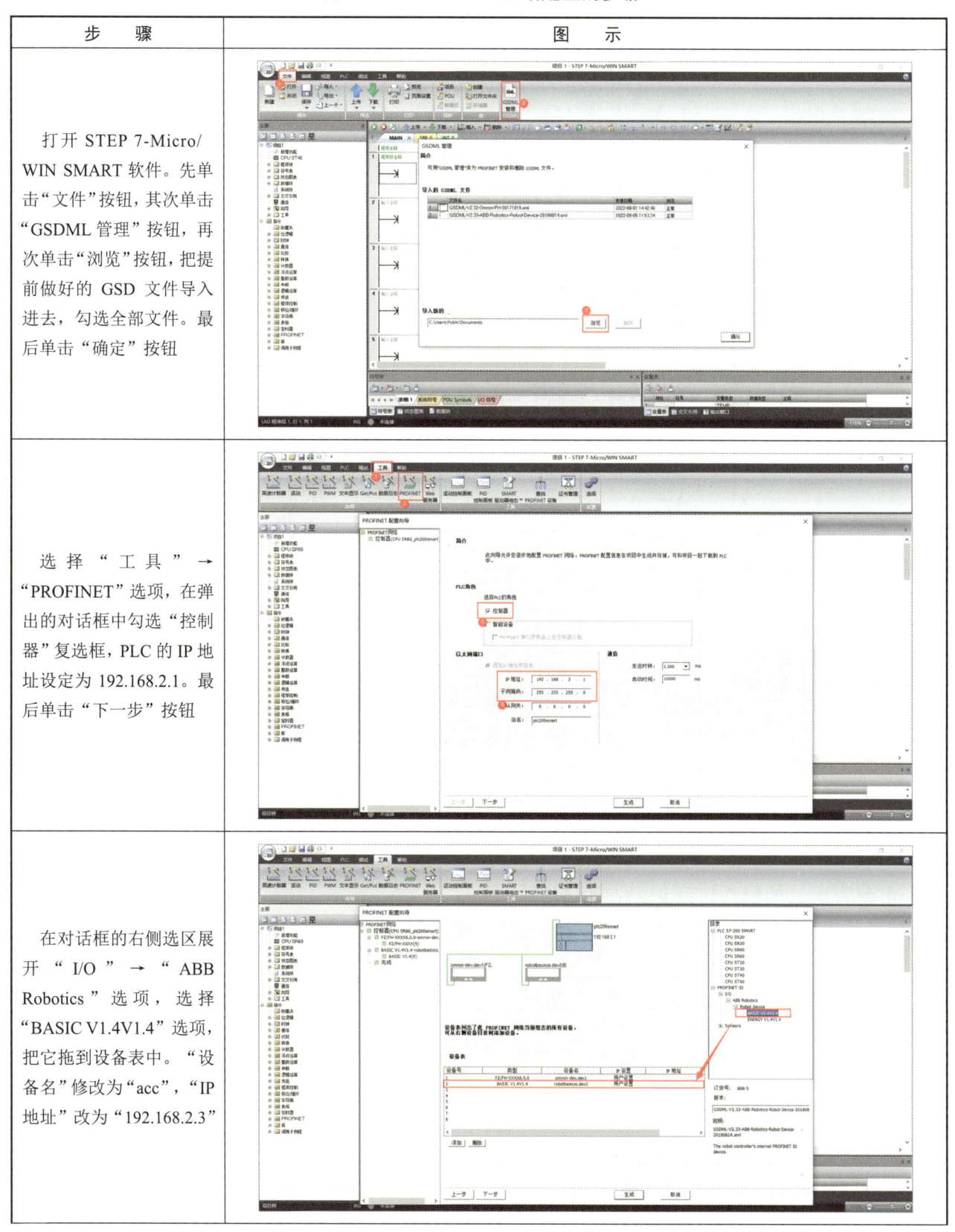

续表

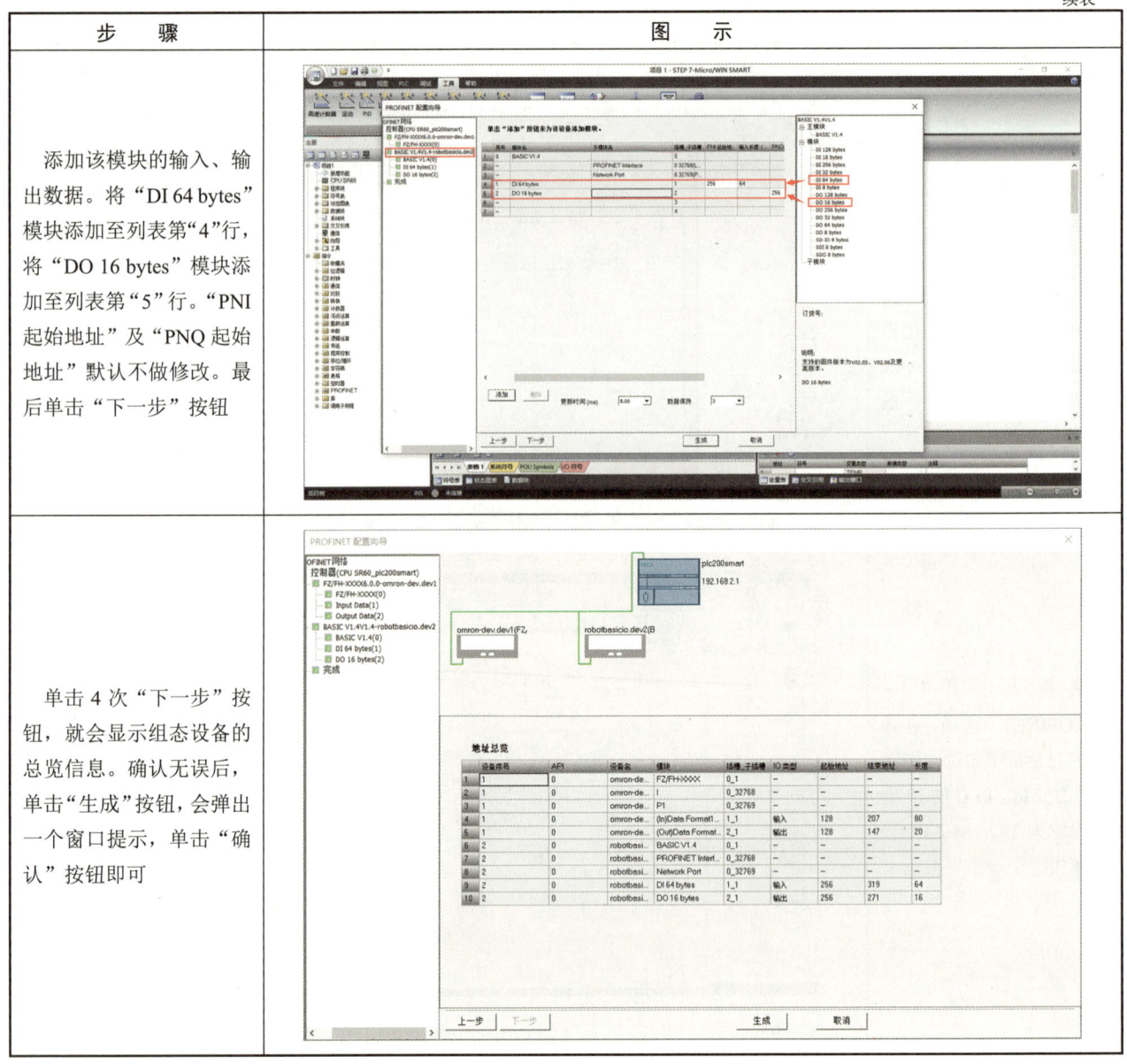

步　　骤	图　　示
添加该模块的输入、输出数据。将"DI 64 bytes"模块添加至列表第"4"行，将"DO 16 bytes"模块添加至列表第"5"行。"PNI 起始地址"及"PNQ 起始地址"默认不做修改。最后单击"下一步"按钮	
单击 4 次"下一步"按钮，就会显示组态设备的总览信息。确认无误后，单击"生成"按钮，会弹出一个窗口提示，单击"确认"按钮即可	

将配置主站的操作过程记录在表 5-2 中。

表 5-2　配置主站的操作过程

序　号	操 作 内 容	完 成 情 况
1	导入 GSD 文件	□ 完成　　□ 未完成
2	设定 PLC 的 IP 地址	□ 完成　　□ 未完成
3	修改设备名和 IP 地址	□ 完成　　□ 未完成
4	添加模块的输入、输出数据	□ 完成　　□ 未完成
		记录人：_____

2. PROFINET 从站机器人端配置。

PLC 作为主站配置组态完成，通过示教器对 ABB 工业机器人进行 PROFINET 从站机器人端配置，具体步骤如表 5-3 所示。

表 5-3　PROFINET 从站机器人端配置步骤

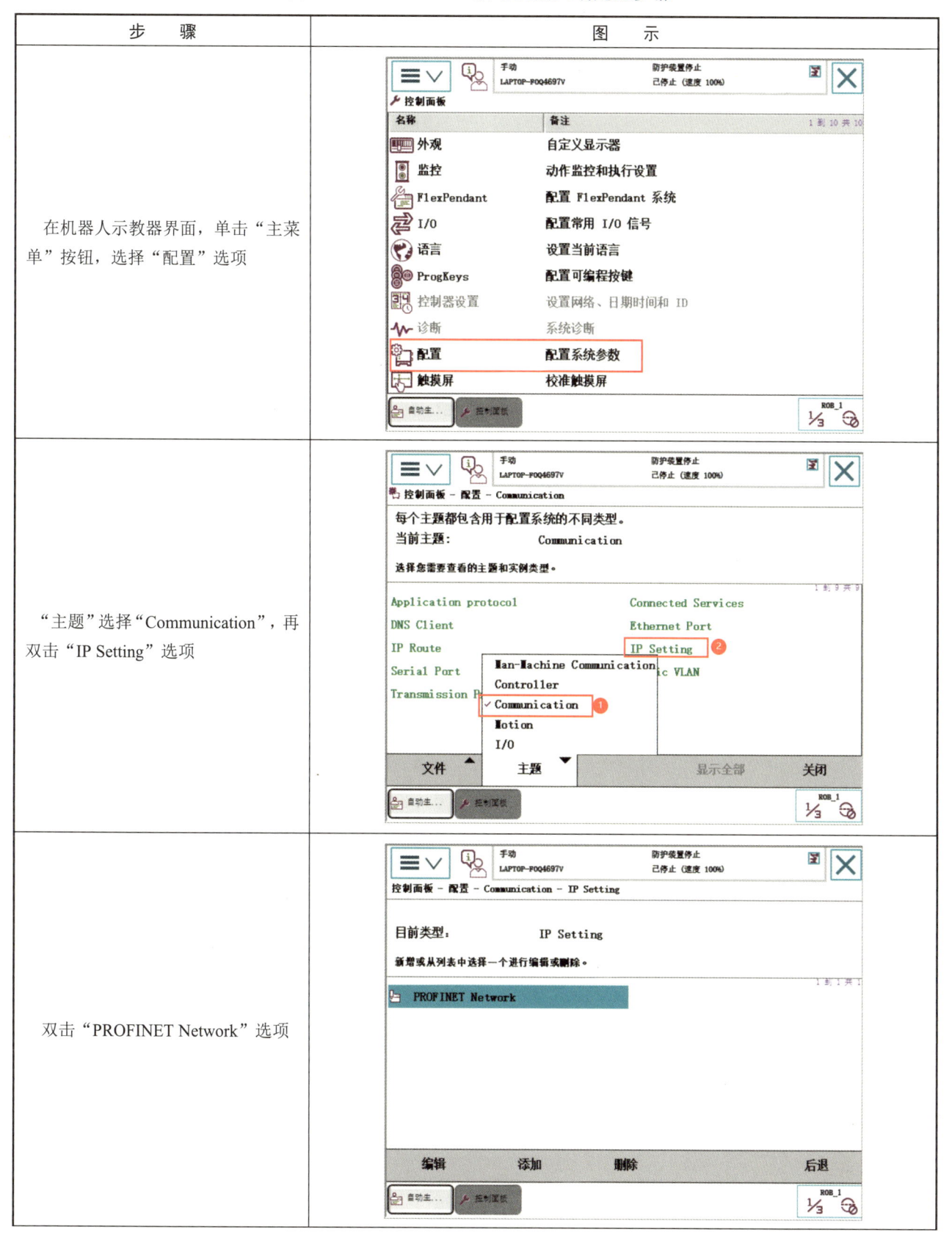

步　　骤	图　　示
在机器人示教器界面，单击"主菜单"按钮，选择"配置"选项	
"主题"选择"Communication"，再双击"IP Setting"选项	
双击"PROFINET Network"选项	

续表

步　骤	图　示
ABB 工业机器人的 IP 地址和 PLC 组态的 ABB 设备必须一致。"Subnet"（子网）默认为 255.255.255.0。"Interface"（界面）是 ABB 工业机器人控制柜下的端口号。单击"确定"按钮后弹出一个对话框提示"参数将于重启后生效"，这时单击"NO"按钮，因为还有其他参数未被设定，参数全部设定好后再重启	
"主题"切换为"I/O"，双击"Industrial Network"（工业网络）选项，进去后双击"PROFINET Station Name"选项	
名称必须和 PLC 组态的设备名称相同，修改为"acc"，单击"确定"按钮，这时把示教器重新启动	

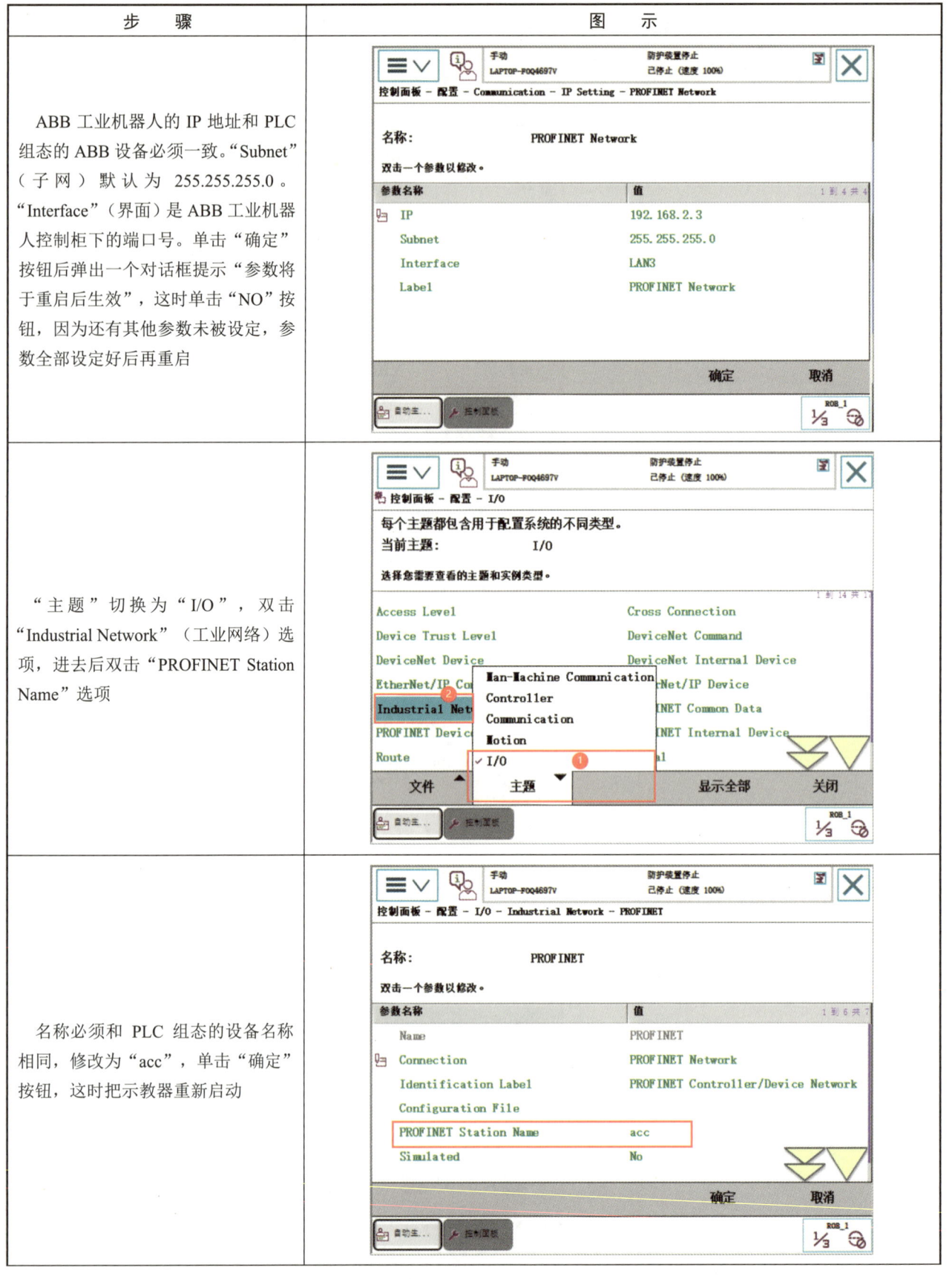

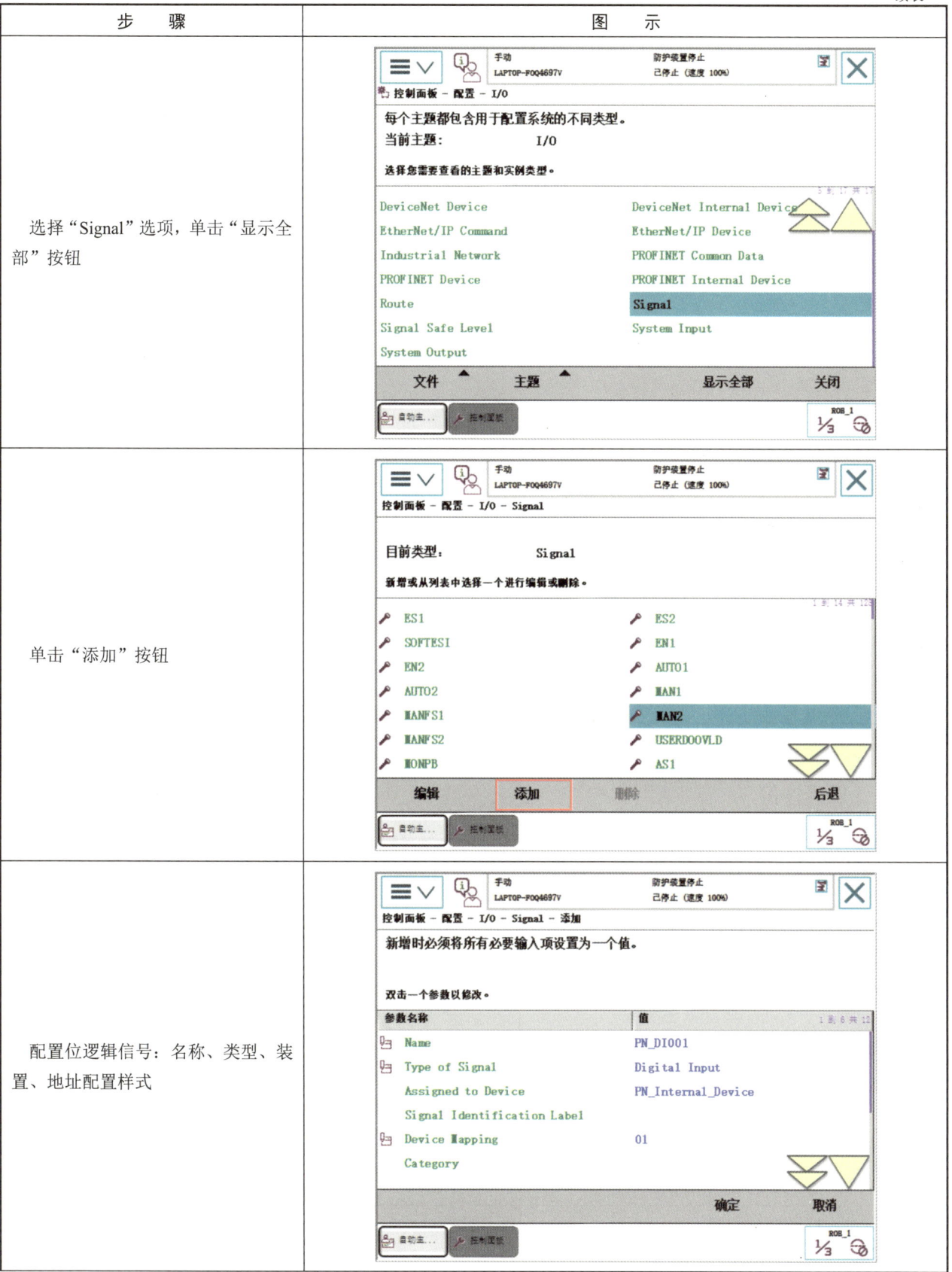

步　　骤	图　　示
选择"Signal"选项，单击"显示全部"按钮	
单击"添加"按钮	
配置位逻辑信号：名称、类型、装置、地址配置样式	

续表

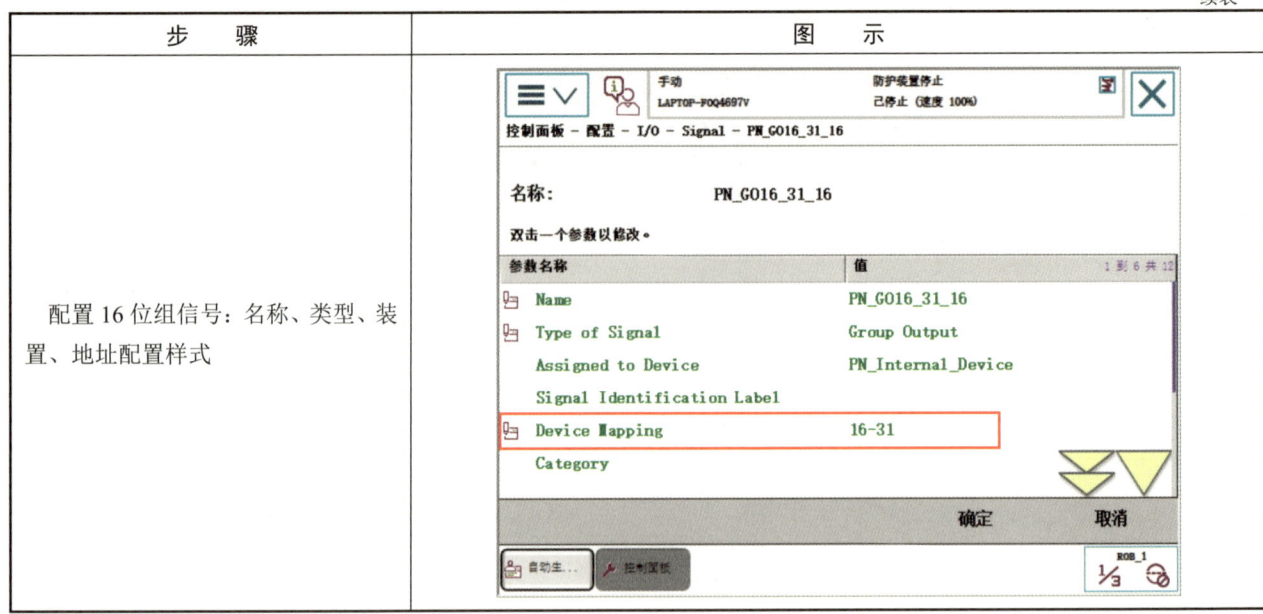

步　　骤	图　　示
配置16位组信号：名称、类型、装置、地址配置样式	（图示：控制面板 - 配置 - I/O - Signal - PN_GO16_31_16，Name: PN_GO16_31_16，Type of Signal: Group Output，Assigned to Device: PN_Internal_Device，Signal Identification Label，Device Mapping: 16-31，Category）

将配置从站的操作过程记录在表 5-4 中。

表 5-4　配置从站的操作过程

序　号	操　作　内　容	完 成 情 况	
1	配置 ABB 工业机器人的 IP 地址	□ 完成	□ 未完成
2	修改设备名称	□ 完成	□ 未完成
3	重启后，设置成功	□ 完成	□ 未完成

记录人：_____

任务评价

班级：_____
小组：_____
姓名：_____

总分：_____
（总分=学生自评成绩×20%+小组互评成绩×30%+教师评价成绩×50%）
指导老师：_____　　　日期：_____

评价项目	评价标准	评价依据	评价方式			配分
			学生自评（20%）	小组互评（30%）	教师评价（50%）	
职业素养	1. 遵守企业规章制度、劳动纪律 2. 按时、按质完成工作任务 3. 积极主动承担工作任务，勤学好问 4. 注意人身安全与设备安全 5. 工作岗位"6S"的完成情况	1. 出勤 2. 工作态度 3. 劳动纪律 4. 团队协作精神				30
专业能力	1. 能理解总线的概念 2. 能够叙述 PROFINET 的特点 3. 能够配置 PROFINET 的主站 4. 能够配置 PROFINET 的从站	1. 工作页完成情况 2. 小组分工情况				50

续表

评价项目	评价标准	评价依据	评价方式 学生自评（20%）	评价方式 小组互评（30%）	评价方式 教师评价（50%）	配分
创新能力	1. 在任务完成过程中能提出有价值的观点 2. 在教学或生产管理上提出建议，且具有创新性	1. 观点的合理性和意义 2. 建议的可行性				20
合 计						100

任务 5.2　工业机器人与视觉系统通信

任务目标

1. 掌握视觉系统 PROFINET 的配置方法。
2. 能配置 PROFINET 主站和从站。
3. 能编写工业机器人与视觉系统进行数据交互的程序。

知识探究

5.2.1　工业机器人的通信方式

工业机器人的通信方式主要有以下 3 种。

1. 基于工业总线的通信

基于工业总线的通信包括 PROFINET、PROFIBUS、DeviceNet、EtherNet/IP 等。工业机器人经常使用 D652（16DI16DO），就是基于 DeviceNet 的板卡。实际生产中是否使用工业总线进行通信，以及使用何种工业总线，一般取决于系统中除工业机器人之外的设备能够支持的通信方式。例如，电气控制系统中的 PLC 支持 PROFINET，如果 PLC 和工业机器人之间需要通信，则一般会选择 PROFINET 通信方式。不同种类的工业总线的通信配置方式各有不同。

2. 基于 TCP/IP 协议的开放网络

基于 TCP/IP 协议的开放网络包括 Socket、PCSDK、RWS（Robot Web Service）、OPC、RMQ（Robot Message Queue）等。其中 Socket 是非常友好、易用的通信方式。Socket 能够以字符串或者字节数组的形式发送各种数据。例如，可以对工业机器人发送如下字符串：urobot1；pickPosition2；placePosition3，来实现让工业机器人 1 在工位 2 抓取工件，再在工位 3 放下工件。信息的具体格式可以自定义，从而具有极强的柔性。对于单个字符串 String 类型数据，工业机器人系统只支持不超过 80 个字符的字符串，但用户仍可以使用自定义字符数组或者

Rawbyte 数据类型（单个最长为1024字节）等方式实现更大的Socket通信长度。

3. 其他方式

其他方式包括串口通信等。

5.2.2 Socket 通信的服务器端和客户端

Socket 通信分为服务器端和客户端。在同一个网络中，一个服务器端可以连接多个客户端，并且服务器端可以通过不同端口号区分连接的客户端。其中服务器端可以是工业机器人、工业相机及其他设备。

客户端创建套接字 SocketCreate 后，通过 SocketConnect 指令连接指定 IP 和端口号的服务器端设备。在连接成功前，SocketConnect 指令会一直等待。SocketConnect 指令默认最大等待时间为 60 s（若超过60 s还没连接上服务器，则会出现连接超时报错）。若希望在连接时具体设置最大等待时间，则可以通过可选参数 Time（如\Time:=2，设置最大等待时间为2 s）进行设置。

在客户端与服务器端建立通信成功后，可以通过 SocketSend 和 SocketReceive 指令进行数据的发送和接收。Socket Send Socket1\Str:Hello server;，表示向服务器端发送字符串 Hello server。也可使用如下方式发送字节数组：SocketSend Socket1\ Data:=byte10，其中 byte10 为 byte 类型的数组。

SocketReceive Socket1\Str:=received_string;，表示接收数据。若接收到的是字符串类型数据，则将该数据存入字符串 received_string。SocketReceive Socket1 默认最大等待时间为60s，也可以通过可选参数 Time 来设置最大等待时间，具体形式如下：SocketReceive Socket1 \Str:=received_string\Time:=2。

职业拓展

我国工业机器人正在逐步走向产业化，具有良好的时代发展机遇，受到了投资商越来越多的关注；技术创新与原始创新依然是工业机器人突破性发展的关键要素，应抓住机遇，理性发展；应遵循"上游决定下游，应用考核主机，主机带动部件，试验研发"的策略，促进我国工业机器人技术与产业化的快速发展。

工业机器人不只有工业装备的属性，未来一定会成为大众产品。一旦进入大众生活，会像互联网一样，成为一个国家经济、社会、文化发展的综合载体，会形成庞大的产业。我国对工业机器人及工作站、成套生产线的需求是刚性与持续的，将迎接工业机器人发展的临界点，工业机器人发展将有力地支撑我国制造业的升级换代。在未来几年，我国机器人产业将迎来爆发期，一个新时代即将到来。

◇ 项目五 拓展工业机器人

任务实践

学生工作页

班级：_____ 小组：_____ 组长：_____ 日期：_____

学生姓名：_____ 指导教师：_____ 成绩：_____（完成或没完成）

书写要求

（1）务必用签字笔书写，保证工作页整洁清晰。

（2）字迹工整，按框格书写，不要超出答题区域。

1．PROFINET 主站 PLC 端配置。

通过 STEP 7-Micro/WIN SMART 软件对 PLC 主机进行 PROFINET 主站配置，具体步骤如表 5-5 所示。

表 5-5　PROFINET 主站 PLC 端配置步骤

步　　骤	图　　示
打开 STEP 7-Micro/WIN SMART 软件。先单击"文件"按钮，其次单击"GSDML 管理"按钮，再次单击"浏览"按钮把提前做好的 GSD 文件导入进去，勾选全部文件。最后单击"确定"按钮	
选择"工具"→"PROFINET"选项，在弹出的对话框中勾选"控制器"复选框，PLC 的 IP 地址设定为 192.168.2.1。最后单击"下一步"按钮	

续表

步　骤	图　示
接下来组态欧姆龙视觉设备；在对话框右侧选区展开"PROFINET-IO"→"Sensors"选项，选择"FZ/FH-XXXX6.0.0"设备，把它拖到设备表中。"设备名"更改为"omron-dev"，"IP 地址"为"192.168.2.2"，最后单击"下一步"按钮 注：欧姆龙设备的 IP 地址须与 PLC 的 IP 地址处于同一个区域网，且最后一位不能冲突	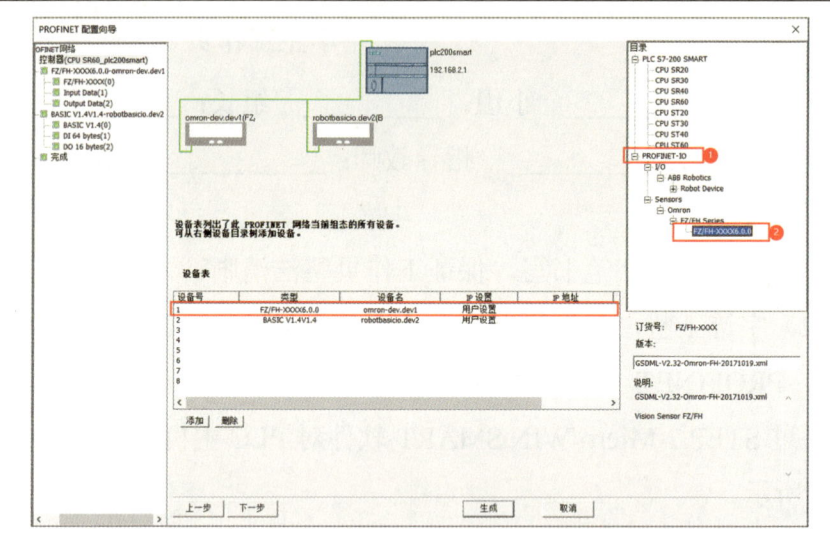
添加该模块的输入、输出数据。把"Input Data"模块添加至列表第"4"行，把"Output Data"模块添加至列表第"13"行；把"（IN）Data Format 0（32 byte）"子模块添加至列表第"5"行，把"（Out）Data Format 0（32 byte）"子模块添加至列表第"14"行。 "PNI 起始地址"及"PNQ 起始地址"默认不做修改。最后单击"下一步"按钮	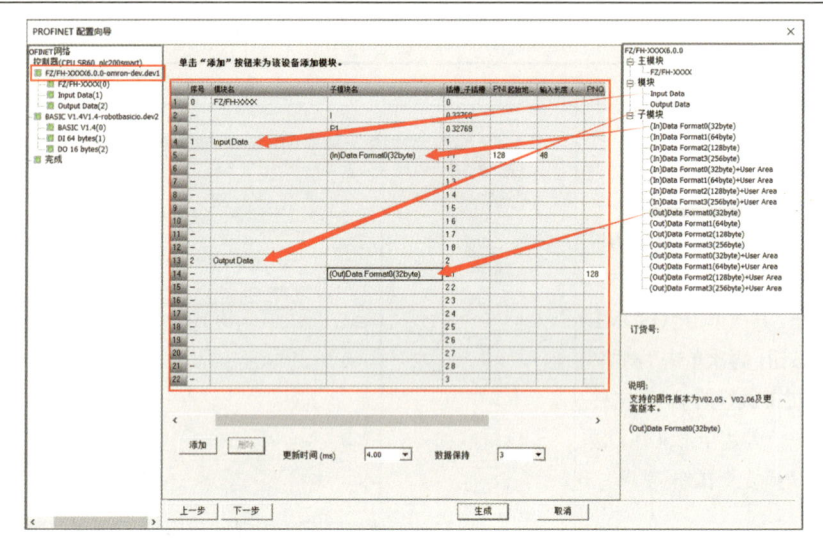
单击 4 次"下一步"按钮，显示组态的设备的总览信息。 确认无误后，单击"生成"按钮，弹出一个窗口提示，单击"确认"按钮即可	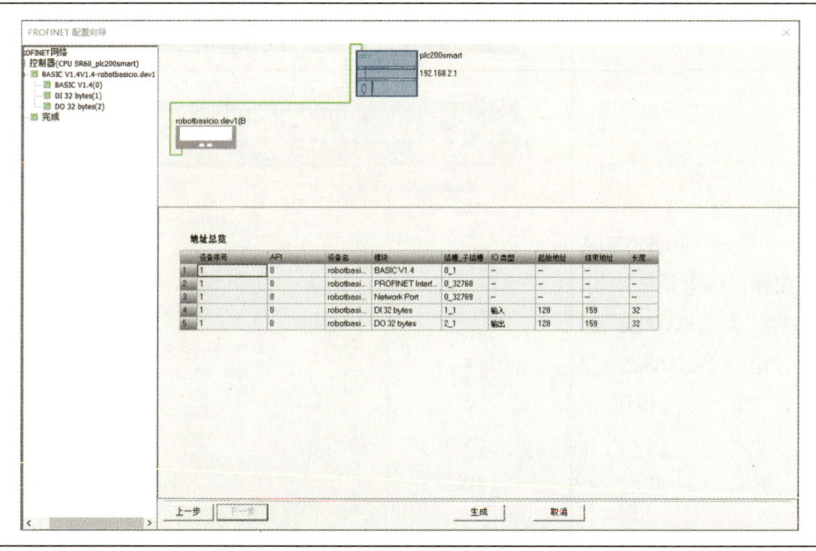
进行工业机器人 GSD 文件导入及配置	具体步骤请参照任务 5.1 中任务实践的"PROFINET 主站 PLC 端配置"部分

续表

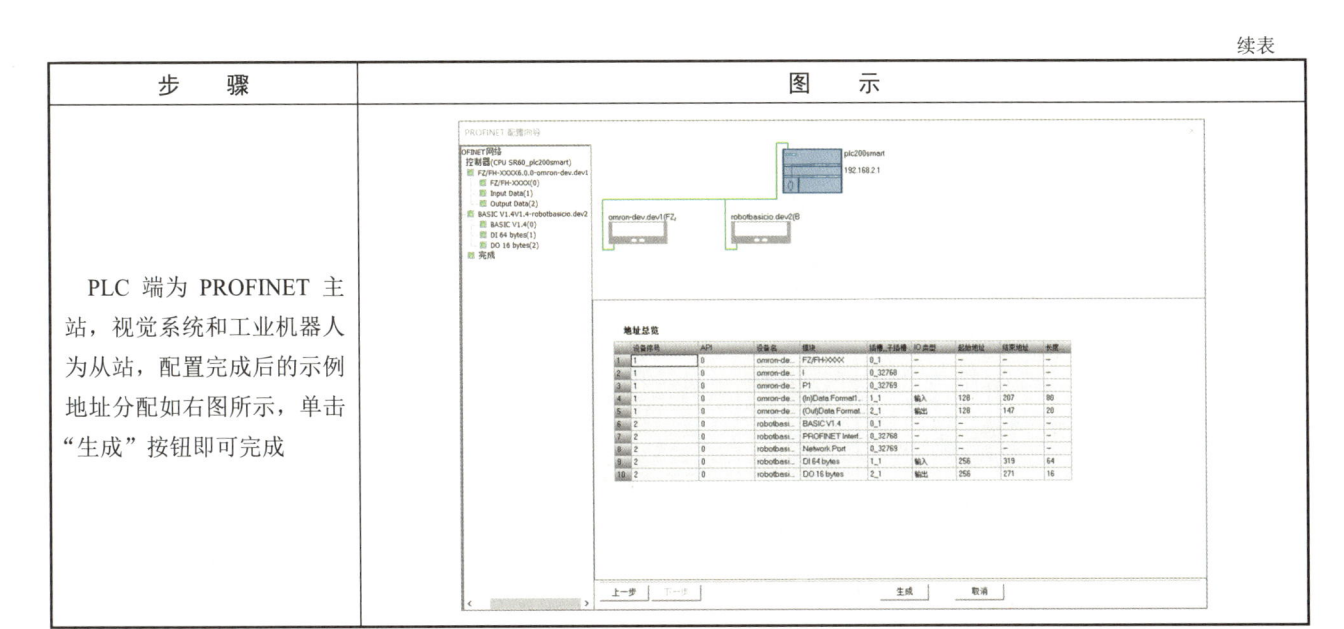

步　　骤	图　　示
PLC 端为 PROFINET 主站，视觉系统和工业机器人为从站，配置完成后的示例地址分配如右图所示，单击"生成"按钮即可完成	

将配置主站的操作过程记录在表 5-6 中。

表 5-6　配置主站的操作过程

序　号	操 作 内 容	完 成 情 况
1	导入 GSD 文件	□ 完成　　□ 未完成
2	设定 PLC 的 IP 地址	□ 完成　　□ 未完成
3	组态欧姆龙视觉设备	□ 完成　　□ 未完成
4	添加模块的输入、输出数据	□ 完成　　□ 未完成

记录人：_____

2．PROFINET 从站欧姆龙视觉端配置。

PLC 作为主站配置组态完成，通过欧姆龙视觉控制器对视觉进行 PROFINET 从站配置，具体步骤如表 5-7 所示。

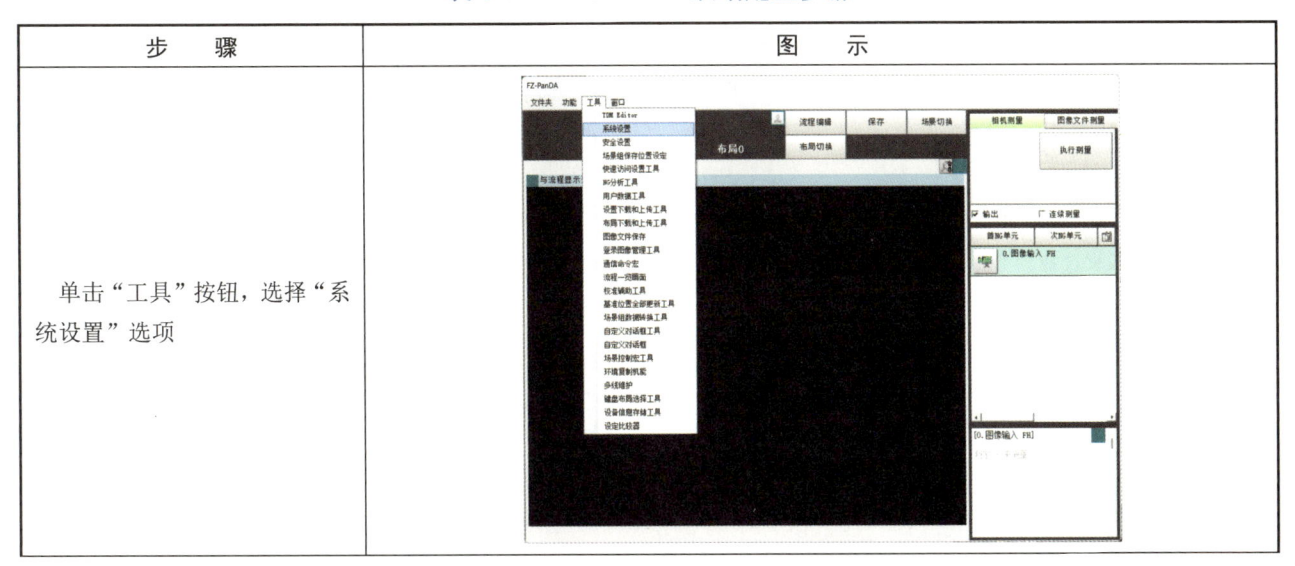

表 5-7　PROFINET 从站配置步骤

步　　骤	图　　示
单击"工具"按钮，选择"系统设置"选项	

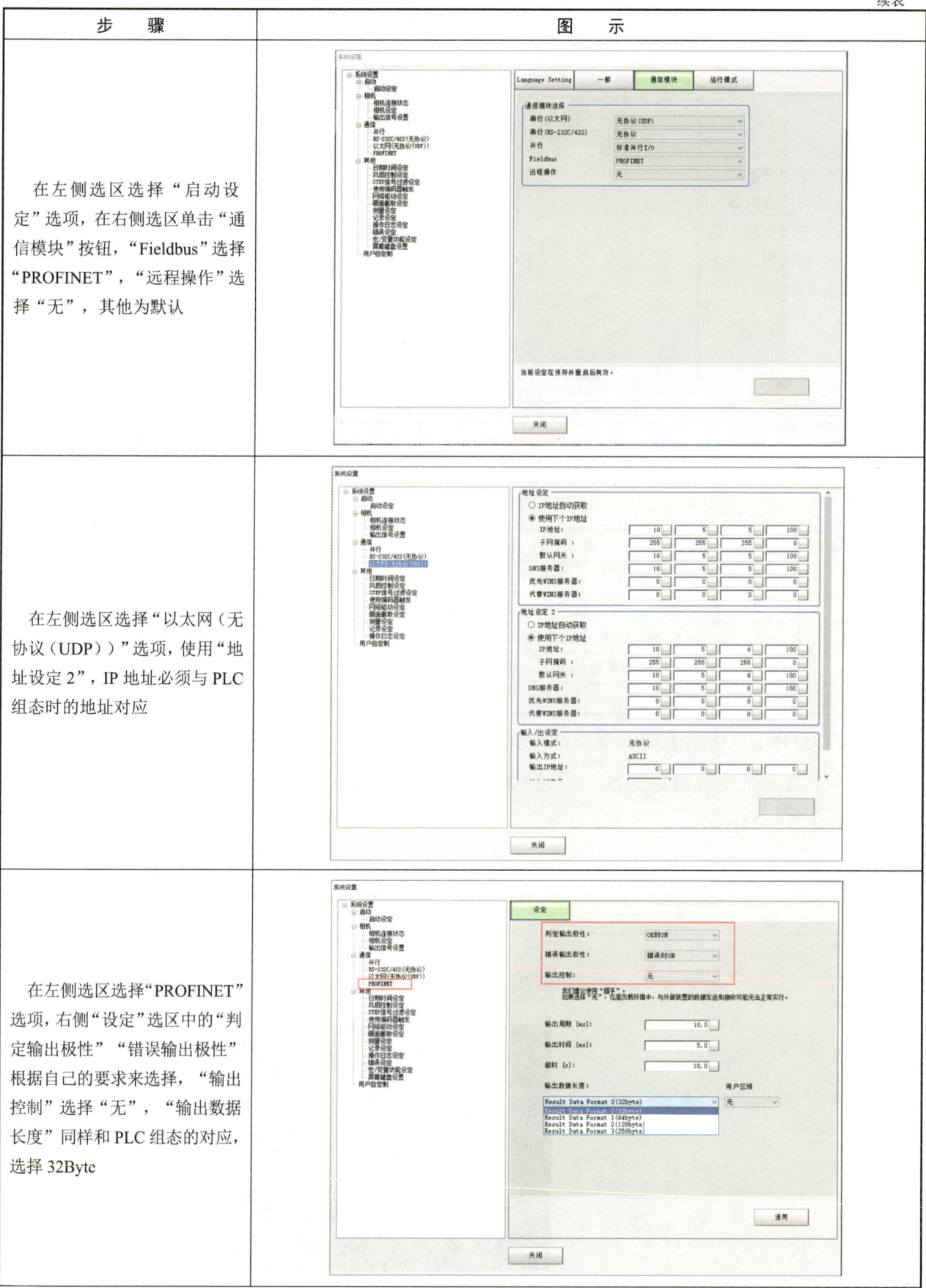

续表

步　　骤	图　　示
在左侧选区选择"启动设定"选项，在右侧选区单击"通信模块"按钮，"Fieldbus"选择"PROFINET"，"远程操作"选择"无"，其他为默认	
在左侧选区选择"以太网（无协议（UDP））"选项，使用"地址设定2"，IP地址必须与PLC组态时的地址对应	
在左侧选区选择"PROFINET"选项，右侧"设定"选区中的"判定输出极性""错误输出极性"根据自己的要求来选择，"输出控制"选择"无"，"输出数据长度"同样和PLC组态的对应，选择32Byte	

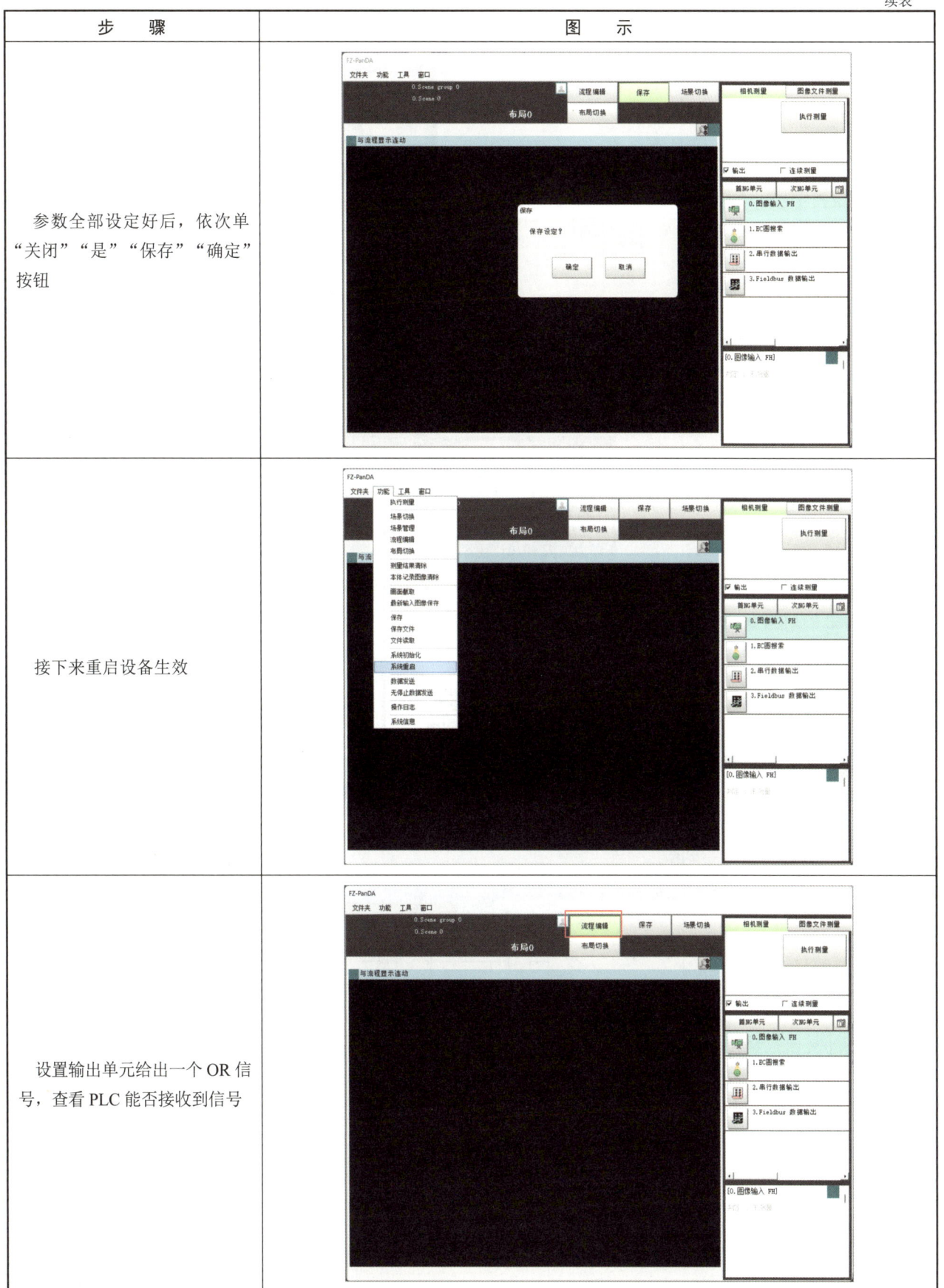

◇ 项目五　拓展工业机器人

续表

步　骤	图　示
参数全部设定好后，依次单击"关闭""是""保存""确定"按钮	
接下来重启设备生效	
设置输出单元给出一个OR信号，查看PLC能否接收到信号	

续表

步　　骤	图　　示
首先在左侧选区单击"灵活搜索"按钮,其次在右侧列表中单击"灵活搜索"选项,再次在中间选区单击"插入"按钮,最后在中间选区单击"设定"按钮,在弹出的对话框中设定完参数后单击"关闭"按钮	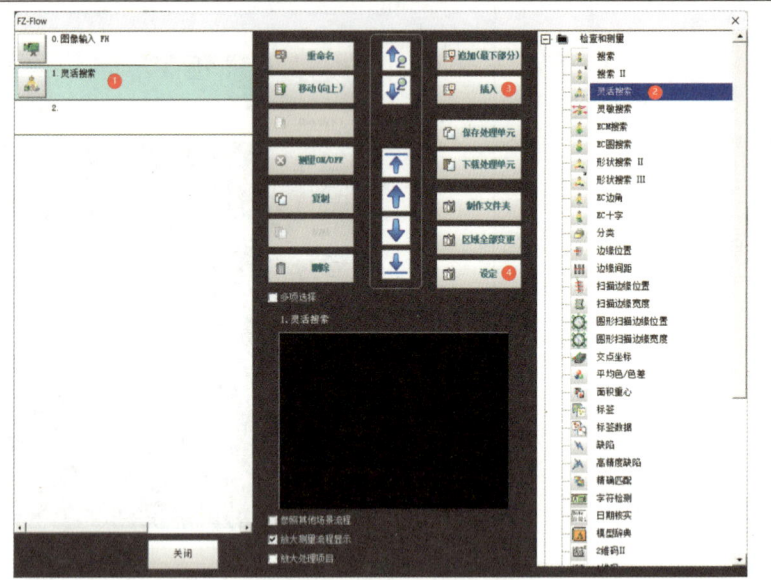
先在主页面勾选"输出"复选框,然后单击"保存"按钮,最后单击"执行测量"按钮。此时屏幕显示"OK",表示视觉信号已经输出（如果屏幕显示"NG",则代表视觉信号并没有输出）,这时需查看 PLC 有没有接收到信号	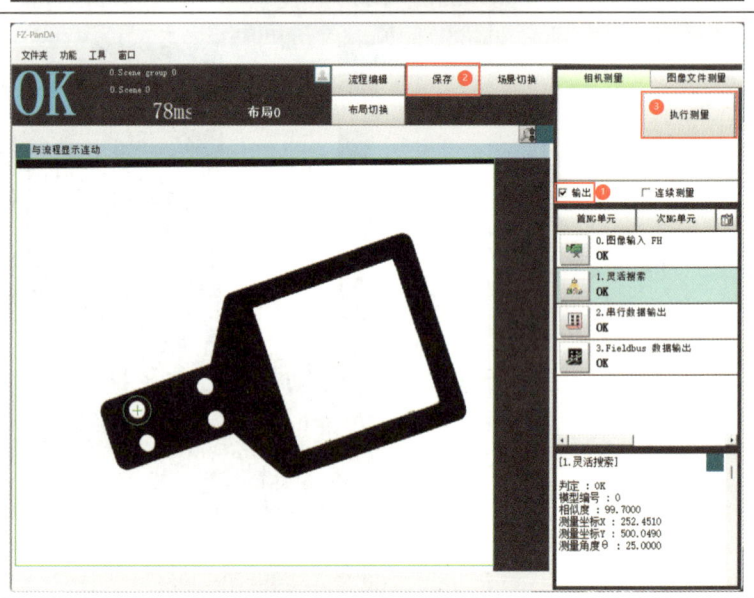
查看 PLC 状态图表,输入视觉场景综合判定结果信号为 I131.3,监控当前值可以看到"1",说明视觉系统输出的 OR 信号 PLC 可以接收到,通信成功	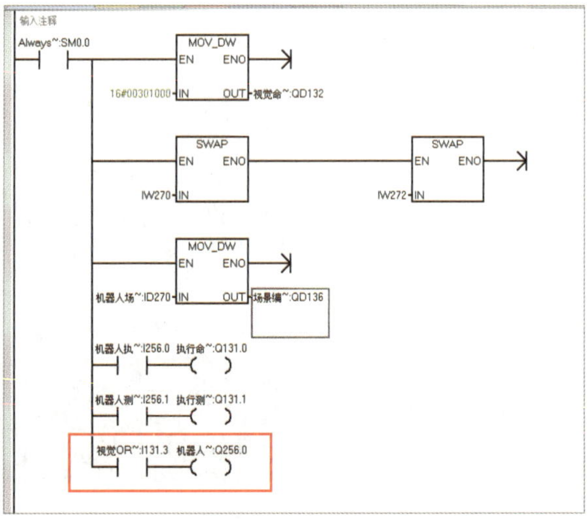

| 148

将配置从站的操作过程记录在表 5-8 中。

表 5-8 配置从站的操作过程

序 号	操 作 内 容	完 成 情 况
1	设置视觉以太网（无协议 TCP）地址	□ 完成　　□ 未完成
2	设置视觉系统 PROFINET 相应参数	□ 完成　　□ 未完成
3	输出视觉信号	□ 完成　　□ 未完成
4	PLC 可接收到视觉信号	□ 完成　　□ 未完成
		记录人：＿＿＿＿＿＿

3．PROFINET 从站机器人端配置。

具体配置步骤请参照任务 5.1 中任务实践的"PROFINET 从站机器人端配置"部分。

4．编写视觉系统通信程序。

配置完成后欧姆龙视觉系统与 PLC 进行数据交互。PLC 交互的寄存器地址可自由分配，为方便理解，这里以输入 ID128、输出 QD128 为例，如表 5-9 所示。

表 5-9 欧姆龙视觉系统与 PLC 数据交互

欧姆龙视觉系统到 PLC 数据			
PLC 寄存器地址	视觉系统起始地址	含　义	备　注
ID128	+0,+1	系统状态	I131.3 为 OR 判定信号
ID132	+2,+3	命令码	
ID136	+4,+5	相应码	
ID140	+6,+7	被动反应	
ID144	+8,+9	数据 0	
ID148	+10,+11	数据 1	
ID152	+12,+13	数据 2	
ID156	+14,+15	数据 3	
ID160	+16,+17	数据 4	
ID164	+18,+19	数据 5	"固定小数点"模式输出，数据为有符号整数，均放大了 1000 倍
ID168	+20,+21	数据 6	
ID172	+22,+23	数据 7	
需要控制器侧勾选系统设置和 PLC 侧组态	+24,+25	用户数据 0	
	+26,+27	用户数据 1	
	+28,+29	用户数据 2	
	+30,+31	用户数据 3	
	+32,+33,+34,+35	用户数据 4	
	+36,+37,+38,+39	用户数据 5	
PLC 到欧姆龙视觉系统数据			
PLC 寄存器地址	视觉系统起始地址	含　义	备　注
QD128	+0,+1	系统输入	Q131.0 为 EXE 命令执行信号　Q131.1 为 STEP 测量信号

续表

PLC 到欧姆龙视觉系统数据			
PLC 寄存器地址	视觉系统起始地址	含　义	备　注
QD132	+2,+3	命令码	16#101010 为执行 1 次测量 16#301000 为切换场景
QD136 QD140 QD144	+4,+5, +6,+7,+8,+9	命令参数	QD136 为场景编号
需要控制器侧勾选系统设置和 PLC 侧组态	+10,+11	用户输入数据 0	
^	+12,+13	用户输入数据 1	
^	+14,+15	用户输入数据 2	
^	+16,+17	用户输入数据 3	
^	+18,+19,+20,+21	用户输入数据 4	
^	+22,+23,+24,+25	用户输入数据 5	

在 PLC 端新建程序，此程序即欧姆龙视觉系统与工业机器人的数据传递程序，通过 PLC 主站建立相机与工业机器人的连接，工业机器人发送指令给视觉相机切换场景组/场景、控制拍照及回传结果，通信程序代码表如表 5-10 所示。

表 5-10　通信程序代码表

程　序　行　号	STL 程 序	程 序 说 明
1	LD　　SM0.0	
2	LPS	
3	MOVD　　16#00301000, QD132	PLC 运行时一直为 ON
4	SWAP　　IW270	
5	AENO	设置切换场景命令
6	SWAP　　IW272	将 IW270 进行高低字节交换
7	LRD	
8	MOVD　　ID270, QD136	将 IW272 进行高低字节交换
9	LRD	
10	A　　I256.0	将机器人"场景编号"转发给视觉系统
11	=　　Q131.0	将机器人"执行切换场景命令"转发给视觉系统
12	LRD	
13	A　　I256.1	将机器人"执行拍照命令"转发给视觉系统
14	=　　Q131.1	
15	LPP	将视觉系统"综合判断 OR 信号"转发给机器人
16	A　　I131.3	
17	=　　Q256.0	

任务评价

班级：_____ 小组：_____ 姓名：_____	总分：_____ （总分=学生自评成绩×20%+小组互评成绩×30%+教师评价成绩×50%） 指导老师：_____ 日期：_____				
评价项目	评价标准	评价依据	评价方式		配分
			学生自评（20%）	小组互评（30%）	教师评价（50%）	
职业素养	1. 遵守企业规章制度、劳动纪律 2. 按时、按质完成工作任务 3. 积极主动承担工作任务，勤学好问 4. 注意人身安全与设备安全 5. 工作岗位"6S"的完成情况	1. 出勤 2. 工作态度 3. 劳动纪律 4. 团队协作精神				30
专业能力	1. 能理解 TCP/IP 协议的概念 2. 能够叙述 Socket 通信的指令 3. 能够配置 PROFINET 主站 4. 能够配置欧姆龙视觉从站	1. 工作页完成情况 2. 小组分工情况				50
创新能力	1. 在任务完成过程中能提出有价值的观点 2. 在教学或生产管理上提出建议，且具有创新性	1. 观点的合理性和意义 2. 建议的可行性				20
合 计						100

项目总结

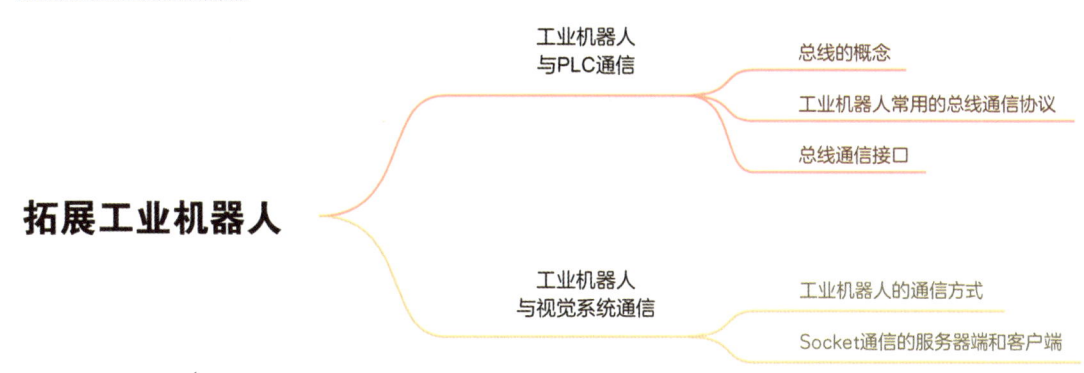

拓展工业机器人

- 工业机器人与PLC通信
  - 总线的概念
  - 工业机器人常用的总线通信协议
  - 总线通信接口
- 工业机器人与视觉系统通信
  - 工业机器人的通信方式
  - Socket通信的服务器端和客户端

反侵权盗版声明

　　电子工业出版社依法对本作品享有专有出版权。任何未经权利人书面许可，复制、销售或通过信息网络传播本作品的行为；歪曲、篡改、剽窃本作品的行为，均违反《中华人民共和国著作权法》，其行为人应承担相应的民事责任和行政责任，构成犯罪的，将被依法追究刑事责任。

　　为了维护市场秩序，保护权利人的合法权益，我社将依法查处和打击侵权盗版的单位和个人。欢迎社会各界人士积极举报侵权盗版行为，本社将奖励举报有功人员，并保证举报人的信息不被泄露。

举报电话：（010）88254396；（010）88258888
传　　真：（010）88254397
E-mail：dbqq@phei.com.cn
通信地址：北京市万寿路 173 信箱
　　　　　电子工业出版社总编办公室
邮　　编：100036